喜宴

李成国　主编

U0376175

吉林科学技术出版社

前 言

中国自古就有宴客的传统。宴请客人时，在菜单的选择、营养的搭配、品种的多样等方面，都有一些需要注意的地方。喜宴办得好，客人高兴，主人也有面子。那么，如何在家就能做出一桌大席来宴请客人呢？

本书从喜宴菜肴的组成、安排原则、制作要点到上菜程序都有详尽的介绍，解答了读者在制作喜宴时的疑惑。书中内容可以满足读者朋友们不同的待客需求，附录中收录的每个主题的宴席都特别注重风格的统一性和菜品的丰富性，真正做到了宴席新、菜品全、技法妙、效果佳，为大家带来了色香味形俱佳的饕餮盛宴。

全书内容丰富，图文并茂，语言精简，通俗易懂，在家宴客时会遇到的问题，作者全都替你想到了。即便是厨艺平平，有了这本书，你也一样可以做出一桌精致喜宴。对广大烹饪爱好者来说，本书是实用性非常强的美食参考读物。

李成国 中国烹饪大师，国家高级职业经理人，国家高级营养配餐师，吉林省饭店餐饮烹饪协会副会长，吉林省吉菜研究专业委员会副会长，吉林省饮食文化委员会执行副会长，中华金厨奖获得者，吉林省鸿顺餐饮管理有限公司总经理，吉林省明阳春管理有限公司董事、出品总经理，吉林省首家营养食谱创始人，吉林省儒易华宴酒店技术出品顾问，吉林省棠悦礼宴酒店行政总厨。

编委会

主　编　李成国

副主编　杨海洋　陈立萍

编　委　（排名不分先后）

张　满	姜海洋	康雪峰	王　莹	张海君	闫镜国	陈　勇	李　明
常殿双	刘云飞	李　满	王明月	张立阳	刘俊涛	庄孝波	李文权
单喜东	李小明	魏茂昌	张振富	代　宝	江艳立	马伟海	郭　斌
李　冰	肖建刚	杨鸿飞	李竺阳	邢跃东	杨　俊	于　彬	刘　阳
高　伟	宋继石	王玉龙	常　城	李雪琦	张忠宝	张　宝	金祥军
廉红才	窦凤彬	高　伟	黄　蓓	高玉才	韩密和	邵志宝	赵　军
尹　丹	刘晓辉	张建梅	唐晓磊	王玉立	范　铮	邵海燕	张巍耀
敬邵辉	李　平	张　杰	王伟晶	朱　琳	刘玉利	张鑫光	

目录
CONTENTS

精美冷菜

我家主菜

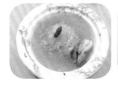

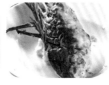

快手热菜

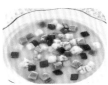

主食饮品

香葱油饼 / 180

火腿卷 / 181

玫瑰喜饼 / 182

鹅卵石烤馍 / 183

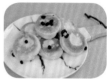
相思红豆饼 / 184

阖家团圆饭 / 185

皆大欢喜 / 186

冠顶鱼饺 / 188

状元蒸饺 / 189

祥和玉米饼 / 190

玉米松糕 / 191

黄金南瓜饼 / 192

雪媚娘 / 194

天使 / 195

巴伐利亚慕斯 / 196

原味松饼 / 197

核桃曲奇 / 198

葡萄干曲奇 / 199

万紫千红 / 200

萍水相逢 / 201

千金一刻 / 202

飞火流星 / 203

附录 特色喜宴

喜宴

喜宴菜肴的组成

　　喜宴菜肴的组成是有规律可循的。喜宴一般由汤菜、冷菜、热炒、大件、甜品和主食六部分组成，当然您也可以根据宴请的人数、季节、规格等方面的不同而灵活搭配。

　　汤菜是喜宴中的重要内容之一，也可以说无汤不成席。喜宴中的汤菜原料多样，能起到润喉爽口、解腻除燥、醒酒下饭、促进消化等作用。

　　冷菜习惯上称为冷盘，是喜宴的前奏曲。冷菜的滋味比较稳定，不受时间和温度的限制，即使放置一段时间，其口味也不会受到影响和改变。因此，冷菜可以提前制作，能缓和烹调热菜时的紧张现象。

　　热炒又称行件，一般要求用炒、爆、熘、炸、烩等方法加工制作而成。热炒菜肴多为"抢火菜"，要求现制现食，快速上桌。

　　大件亦称大菜、头菜等，是喜宴菜中配备的主要菜肴，代表着整个喜宴的级别。大件菜在选料上多以山珍海味以及整只、整条的鸡鸭、鱼类为主。大件菜烹调讲究，多采用烧、焖、炖、煮等方法，成菜质地酥烂，口味鲜香，风味独特。

　　甜品一般采用蜜汁、煸炒、蒸酿、拔丝、炖煨等方法烹调而成，一般趁热上桌，当然夏季时也可以冷食。甜品在喜宴中占的比重较小，一般为一道或两道菜品，原料多选用果蔬和菌藻等。

　　喜宴中主食的种类有很多，如糕、粉、饼、饺、面、饭、粥等。喜宴中主食一般有两道左右，安排上需要注意咸甜、干湿的适当搭配。

按人们的饮食习惯，一般喜宴的上菜程序为：第一组为汤菜，第二组为冷菜，第三组为热炒，第四组为大件，第五组继续上热炒，第六组上甜品，最后上主食。当然喜宴上菜的程序可因人、因事、因时而定，不必千篇一律。

此外，要按照先冷后热、先菜后点、先咸后甜、先炒后烧、先清淡后浓郁、先优质后一般的原则上菜。比如热炒菜要先上咸味菜，因其咸鲜味道突出，能开胃、促进食欲。大虾、螃蟹等鲜味突出的菜肴，应放在炒菜的第三道为宜，因为如果先吃了这类菜肴后再吃别的菜，就会觉得没有滋味了。油炸菜肴可安排在中间或上大菜之前上桌，如果先上，吃了容易使人产生饱腹感。肉食菜肴先上，后上清新的蔬菜，可清口解腻。此外，汤菜除了第一组上桌外，部分地区会放在最后上桌，因其既能下饭，又能醒酒。

喜宴菜肴安排原则

请客人吃什么，这是主人最为头疼的事情。安排好喜宴，不是几个菜的简单拼凑，必须要抱着严谨的态度。如果您还拿不定主意，那么，看看下面关于喜宴菜肴的安排原则，应该可以帮助您做到心里有数。

因人安排菜肴

要根据所请客人的饮食习惯和口味喜好，列出适合他们的菜单。菜肴是量足丰盛还是少而精，是偏甜还是偏咸，是海鲜为主还是野味为主，是吃淮扬本帮菜还是四川风味菜，总之要根据不同客人的不同需求，安排适合客人口味的菜肴。

因时安排菜肴

要根据季节的变化安排菜肴。因时安排菜肴主要包括两个方面：一是选料讲究季节性；二是菜肴的口味、色彩、盛器等要符合季节。如夏冬两季的菜肴就必须有所区别：夏季清淡爽脆，色彩淡雅；冬季口味要浓厚，色泽要深一些，盛器要选用保温性能好的火锅、砂煲、砂锅之类的器皿。

因价安排菜肴

要根据个人的消费能力，合理地安排菜肴。一桌菜肴并不是越贵越能体现出档次。家庭在选用高档食材时要细菜精做，而对于一些普通的原料，也要做到粗菜细做。高档原料的菜肴不宜过多，要体现精而细的效果。对于花费比较低的喜宴，其菜肴的种类不宜过少，要体现出丰盛、大方、实惠的特点。

因需安排菜肴

喜宴往往都是为了生日、答谢、庆功、满月等多种需要而举办的，也是人们生活中美好的时刻。而根据不同需求，确定菜肴的内容和形式，并安排相宜的菜肴，是每个办喜宴的主人需要了解和掌握的。

喜宴菜单巧设计

注意现烹现食

除了冷菜及全鸡、全鸭等短时间不易烹熟的菜肴要事先预制外，一般的热炒菜以现烹现食为佳。因为食物和调味品中含有的营养成分，经加热后会有不同程度的变化，趁热食用既可尽量保持菜肴的营养成分，其口味也最佳。如菜肴凉后再回锅加热，则色、香、味、形皆会受到影响。

注意口味变化

在设计喜宴菜单时，必须了解宾客的口味爱好。如有人喜吃滋味醇厚的鸡鸭、牛羊肉，有人偏爱清淡爽口的蔬菜、水果；又如老年人喜爱柔软易嚼之食，年轻人嗜好香脆硬爽的煎炸菜肴。另外在烹制菜肴时，不论是冷菜或热菜，应尽量不要出现两种或两种以上同一口味或同一原料的菜肴。

合理安排菜肴数量

在设计和制作喜宴菜肴时要根据参加人数、自己的经济能力和技术水平等，安排适当的菜肴数量。如果菜肴数量太少就会怠慢宾客，数量过多则会造成浪费。一般情况下，以每人平均食用500克左右的净料为宜。如果以品种数量而论，一般3～4人食用5～6道菜肴，6～7人食用8～10道菜肴，而9～10人食用12～14道菜肴为宜。

合理安排烹饪方法

为了适应不同宾客对菜肴质感的不同要求，喜宴一般应该兼顾炸、熘、爆、炒、焖、烧、蒸、煮、氽、拌、卤等多种烹饪方法，要尽可能安排冷菜、热炒、汤羹，还可配以中西点心等。此外，根据不同季节选用相宜的烹调方法，如冬天多采用红烧、焖煨、砂锅、火锅等色重味浓的烹饪方法，夏天则宜用清蒸、清烩、冷冻和白汁等色浅味淡的烹饪方法。

喜宴菜肴制作要点

家庭制作喜宴菜肴，有时候看似简单，可真要做到色、香、味、形俱佳，既能增加营养，促进食欲，又能交流感情，加深了解，除了具有比较熟练的操作技能外，还需要掌握喜宴菜肴的制作要点。

选好原料

原料的优劣是决定喜宴菜肴制作的关键。选料可分为主料选择和配料选择。主料宜选新鲜、细嫩、无筋络、去皮、去壳的动物类原料，如鸡肉、鱼肉、虾肉、猪里脊肉等。对于植物类主料，应选择新鲜、脆嫩、无虫蛀的一些蔬菜菌类，如白菜、菠菜、四季豆、豇豆、茄子、茭白、香菇、冬笋、木耳等。配料应对整道喜宴菜的色泽和口味有良好的辅助作用，因此选择时应选用新鲜、脆嫩、色泽鲜艳的原料，如玉兰片、彩椒、黄瓜、莴笋等。

搭配合理

原料的搭配是制作喜宴菜肴的重要工序，搭配合理与否可以决定菜肴的质和量，确定菜肴的色、形、味，确定菜肴的营养价值以及决定菜肴的档次。原料搭配需要注意以下内容。

主料配料要有主次之分，要服从主料，配料主要起衬托作用，不要喧宾夺主。配料的味道要与主料相适应，尽量不要用浓厚配料与清淡主料相配，如芹菜、洋葱等本身有较浓厚的味道，与鲜贝、虾仁等味道清鲜的原料相配就不太适合。

加工精细

原料的初加工是烹制喜宴菜肴不可缺少的步骤，包括原料的宰杀、清洗、改刀以及干料的涨发等多方面内容。初加工不仅关系到能否合理用料，减少损耗，而且关系到食物的营养和卫生，是制作喜宴菜成败的关键。此外，不论原料切成丝、条、片、丁或其他形状，都应当整齐、均匀。如果大小不一，不仅影响菜肴的美观，更影响到菜肴的质量。

把握火候

火候是指做菜时掌握火力的大小和时间的长短。由于原料的质地有老嫩、软硬之分，形状有大小、厚薄之分，而菜肴要求的口味也各有差异，这就需要把握好火候。

一般来说，火候大体上可分为大火、中火、小火、微火等。大火也称旺火、武火、急火，多用于质嫩、形小的原料及素菜的快速烹调，适宜用炒、爆、烹、炸、蒸等技法。中火也称文武火，在家庭烹调中用途最为广泛，多用于一些形体略大的原料，适宜用煮、蒸、烩、扒等技法。小火也称文火、慢火等，适用于质老或形大，且需要较长时间加热的原料，这样的菜肴一般先用大火烧沸，再用小火烧煮至入味，适宜用烧、焖、贴等技法。微火也称弱火，是最小的一种火力，其看不到火焰，供热微弱，适用于某些特殊技法，如煨、炖等，或者用于菜肴的保温。

调味适当

调味就是调和滋味，即运用各种调味品和调味手段，在原料加热前、加热中或加热后放入调味料，使菜肴具有多样口味和各种风味特色。调味是烹调技术中最为重要的一个环节，调味的好坏对菜肴口味的好坏起着决定性作用。调味所使用的调味料主要分为基本味和复合味两类，而调味的方法又可分为烹调前调味、烹调中调味和烹调后调味三种。调味适当可以给无味的原料增加滋味，调整味道不纯的原料的口味，也能使菜肴口味多样化，以适应和满足不同的口味和需求。

熟练装盘

装盘就是将已烹调成熟的菜肴装入盘中，以供上桌食用，可分为冷菜装盘、热菜装盘和汤菜装盘三种。装盘是整个喜宴菜肴制作的最后一个步骤，也是烹调基本功之一。好的装盘与菜肴的清洁卫生和形态美观等都有很大的关系，因为装盘后，菜肴不再进行加热消毒，所以必须严格注意清洁。另外盛装菜肴需要手法熟练，应做到形态美观、色泽分明、完整均匀等。

春季

春天万物复苏，自然界呈现一派欣欣向荣的景象。但冬去春来，气候多变，给人体健康也带来了一些不利的影响，因此，在菜肴的安排上应注意以下几个方面。

为了消除春困，春季要保证有足够的糖类供应。在安排喜宴菜肴时，可适当多安排一些富含糖类的食物，如红薯、板栗等。

春季是蔬菜水果的淡季，人们吃的蔬菜、水果相对减少，品种也比较单调。蔬菜、水果含有比较丰富的维生素，在安排喜宴菜肴时，要多增加蔬菜和水果的摄取。

夏季

夏季给人体带来了许多生理变化，如体热散发困难、皮肤湿黏、体温升高、大量出汗、心血管系统负担增加等。因此，在喜宴菜肴的安排上应注意以下几个方面。

夏季人体营养素消耗大，代谢功能旺盛，体内蛋白质分解加快，所以在喜宴菜肴中要增加富含优质蛋白质而又易于消化的食物，如鱼类、蛋类、豆制品和牛奶等。

夏季是蔬菜瓜果的旺季，此类食物中含有丰富的维生素和水分，容易消化吸收，如冬瓜、黄瓜、丝瓜、苦瓜、番茄、莴笋等，对防暑、防病均有一定的作用。

夏季膳食要以清淡平和为主，少吃油腻食物。含脂肪多的食物会抑制胃酸分泌，延长食物在胃中停留的时间，使人产生包腹感，因此要根据夏季特点，选择清淡、爽口、易于消化的菜肴。

秋季

秋季由于气温多变，人体会出现秋燥、秋乏、秋寒等现象，并引起人体一系列的生理变化。为了增强人体的调节功能，适应多变的气候，秋季在喜宴菜肴的安排上应注意以下几个方面。

饮食以清润为宜，可多安排些用豆腐、莲藕、萝卜、百合、菱角、银耳等有润肺、滋阴、养血功效的食材制作的菜肴。

秋季要少吃辛辣、燥热的食品，如辣椒、葱、姜、蒜、洋葱等。可增加酸味食品的摄入，如山楂、番茄等，对预防感冒、燥咳有一定作用。

冬季

寒冷的冬季往往使人觉得不适，有些人由于体内阳气虚弱而特别怕冷。因此，在冬季要适当用具有御寒功效的食物进行温补和调养，以起到温养全身组织、促进新陈代谢、提高防寒能力、维持机体组织功能活动、抗拒外邪等作用，从而减少疾病的发生。在喜宴菜肴的安排上要注意以下几个方面。

为了防御寒冷，在喜宴菜肴上要多安排富含蛋白质、脂肪和糖类等的食物，如牛肉、鸡肉、狗肉、鱼类、蛋乳类和豆制品等。以提高机体对寒冷的耐受能力。

维生素可提高人体对寒冷的适应能力，可以预防感冒和辅助治疗高血压、动脉硬化等疾病。因此，冬季喜宴菜肴还应多摄取新鲜蔬菜和水果，如白菜、油菜、菠菜、胡萝卜、豆芽以及柑橘、苹果、猕猴桃等。

餐前靓汤

浓汁娃娃菜

原料

娃娃菜400克,猪棒骨1大块,香葱15克,枸杞子10克。

调料

葱段、姜块各10克,精盐1小匙,料酒1大匙,米醋2小匙,胡椒粉、香油各少许。

制作步骤

1 猪棒骨洗净,放入冷水锅内,加入葱段、姜块,置火上烧沸,烹入料酒,用小火煮40分钟,淋入米醋,离火,过滤,捞出棒骨和葱姜,留净猪骨汤。

2 娃娃菜洗净,去掉菜根,先顺长切开成两半,再把娃娃菜切成小条(图①);枸杞子用清水浸泡片刻;香葱去根和老叶,切成香葱花(图②)。

3 炒锅置火上,加入清水煮沸,倒入娃娃菜,加入少许精盐焯烫至娃娃菜变软(图③),捞出娃娃菜,用冷水过凉,沥净水分。

4 净锅置火上,倒入猪骨汤,加入精盐煮沸(图④),加入娃娃菜(图⑤),用中火煮约3分钟至入味,撒上胡椒粉,淋入香油,出锅,倒在大汤碗内(图⑥),撒上枸杞子和香葱花即可。

相思黄玉汤

原料

莲藕、玉米、南瓜、番茄、猪排骨各 500 克，香葱 15 克，枸杞子少许。

调料

葱段 10 克，姜片 10 克，八角 5 个，精盐 2 小匙，料酒 1 大匙，胡椒粉少许。

制作步骤

1 莲藕削去外皮，切成滚刀块（图①）；南瓜去皮，去瓤，洗净，切成块（图②）；香葱去根和老叶，切成香葱花。

2 玉米洗净，切成大块（图③）；番茄洗净，去蒂，切成小块（图④）。

3 猪排骨剁成块，放入沸水锅内焯烫 5 分钟，加入葱段、姜片、八角和料酒，用中火煮 20 分钟，捞出排骨块（图⑤）。

4 把煮排骨的汤水滗入锅内，倒入莲藕块、南瓜块、排骨块、玉米块煮 15 分钟（图⑥），加入番茄块稍煮，加入精盐、胡椒粉调好口味，撒上枸杞子和香葱花，出锅上桌即成。

白玉节节高

原料

芋头 250 克,猪排骨 200 克,香葱花 10 克,枸杞子 5 克。

调料

大葱 10 克,姜块 15 克,八角 2 个,精盐 1 小匙,胡椒粉少许,料酒、植物油各 1 大匙。

制作步骤

1 芋头洗净,削去外皮(图①),放在大碗内,加入清水和少许精盐浸泡几分钟,取出芋头,切成块(图②);大葱洗净,切成段;姜块去皮,切成片。

2 猪排骨洗净血污,擦净水分,剁成4厘米大小的段(图③),放在容器内,加入少许精盐和料酒,腌渍10分钟;枸杞子择洗干净。

3 锅置火上,加入适量的冷水,倒入排骨段,烧沸后撇去表面的浮沫,用中火煮5分钟,捞出排骨段(图④),换清水漂洗干净。

4 净锅置火上,加入植物油烧至五成热,加入葱段、姜片、八角炝锅,放入排骨段和清水煮沸(图⑤),加入精盐、料酒和胡椒粉煮20分钟,加入芋头块(图⑥),继续煮至熟嫩,撒上香葱花、枸杞子稍煮即成。

 春意盎然

原料

春笋 250 克，咸肉、猪排骨各 150 克。

调料

葱段 15 克，姜片 10 克，料酒 2 大匙，精盐 1 小匙，胡椒粉、味精各少许，植物油 1 大匙。

制作步骤

1 春笋剥去外皮，去掉根，放入清水锅内煮5 分钟，捞出，过凉，切成小块；咸肉洗净，切成小块；猪排骨洗净血污，剁成小块。

2 净锅置火上，加入植物油烧至六成热，放入 葱段、姜片炝锅，烹入料酒，倒入足量的清 水煮至沸，放入咸肉块和排骨块。

3 用中小火煮至咸肉八成熟，加入春笋块、精 盐、味精和胡椒粉，继续煮至肉熟、笋香，出锅上桌即可。

 甜蜜双烩

原料

水发银耳…… 100 克

雪蛤………… 40 克

枸杞子……… 10 克

调料

冰糖………… 30 克

制作步骤

1 把雪蛤放入清水中浸泡8小时，去除杂质，再换清水漂洗干净，撕成小块；水发银耳去蒂，洗净，撕成小朵。

2 锅置火上，加入适量清水烧沸，分别放入雪蛤、水发银耳块焯烫一下，捞出，沥水。

3 锅内加入清水煮至沸，下入水发银耳块煮20分钟至汤汁浓稠，放入雪蛤和枸杞子煮10分钟，加入冰糖煮至溶化，出锅上桌即可。

珍菌三客

原料

香菇 125 克，蟹味菇、白玉菇各 100 克，香葱 15 克。

调料

姜片 10 克，精盐 1 小匙，鸡汁 2 小匙，植物油 1 大匙，香油少许。

制作步骤

1 白玉菇去蒂（图①），用清水漂洗干净，沥净水分；蟹味菇去蒂，用清水洗净；香菇去蒂（图②），切成小块（图③）；香葱去根和老叶，用清水漂洗干净，沥净水分，切成香葱花。

2 净锅置火上，放入清水和少许精盐烧沸，倒入香菇块、蟹味菇、白玉菇焯烫3分钟（图④），捞出，沥净水分。

3 净锅复置火上，加入植物油烧热，放入姜片炝锅出香味，倒入清水烧沸，捞出姜片不用，倒入香菇块、蟹味菇、白玉菇，用中火煮10分钟（图⑤），加入鸡汁和精盐调好口味（图⑥），撒上香葱花，淋入香油，出锅装碗即可。

窈窕瘦身汤

原料

猪里脊肉 200 克, 油菜 50 克, 木耳 10 克, 红枣、枸杞子各少许。

调料

姜块 10 克, 精盐 1 小匙, 胡椒粉、淀粉、香油各少许。

制作步骤

1 把木耳放在容器内, 倒入适量的清水泡发 (图①), 取出, 去掉菌蒂, 撕成大块, 放入沸水锅内焯烫一下 (图②), 捞出, 沥水。

2 猪里脊肉去掉筋膜, 洗净血污, 切成大片 (图③), 放在碗内, 加入少许精盐和淀粉拌匀; 枸杞子择洗干净; 油菜择洗干净, 去掉菜根, 顺长切成两半; 红枣洗净, 去掉枣核; 姜块去皮, 切成薄片 (图④)。

3 净锅置火上, 倒入清水, 加入猪肉片和姜片煮5分钟 (图⑤), 加入红枣、水发木耳块和精盐 (图⑥), 用中火煮3分钟, 加入油菜, 撒上枸杞子, 加入胡椒粉, 淋上香油, 离火上桌即可。

情深似海

原料

猪排骨 400 克，水发海带、胡萝卜各 150 克，水发黄豆 50 克。

调料

葱段、姜块各 10 克，花椒 5 克，精盐 1 小匙，味精少许，香油 1 小匙。

制作步骤

1 猪排骨洗净，剁成大块，放入沸水锅内焯烫一下，捞出，沥净水分；水发海带切成大块；胡萝卜去皮，切成条。

2 用纱布把葱段、姜块、花椒包好成料包，放入清水锅内，置火上烧沸，加入排骨块煮15分钟出香味，加入水发海带块、水发黄豆烧沸。

3 用小火煮至排骨块熟嫩，加入胡萝卜条煮至熟，放入精盐、味精调好口味，淋入香油，出锅上桌即可。

 金榜题名

原料

净猪蹄 1 个，花生米 75 克，红枣 25 克。

调料

葱花 5 克，黄芪、桂皮各 10 克，赤芍 5 克，川芎 3 克，当归 2 片，精盐 1 小匙，料酒适量。

制作步骤

1 净猪蹄剁成块，放入清水锅内焯5分钟，捞出猪蹄，换清水漂洗干净；花生米用清水浸泡30分钟，捞出；红枣洗净，去掉枣核。

2 将猪蹄块、花生米、红枣、黄芪、桂皮、赤芍、川芎、当归全部放入清水锅内，加入料酒，倒入清水烧沸。

3 盖上锅盖，转中火炖煮1小时至熟香，加入精盐调好口味，撒上葱花，出锅上桌即可。

☯ 白玉龙骨汤

原料

猪脊骨 400 克，白萝卜、胡萝卜各 100 克。

调料

葱段、姜块各 10 克，精盐 1 小匙，味精、鸡精、胡椒粉各 1/2 小匙，料酒 1 大匙，鲜汤适量。

制作步骤

1. 猪脊骨洗净，剁成块，放入沸水锅内焯烫一下，捞出，换清水冲净；胡萝卜、白萝卜分别去皮，切成滚刀块。

2. 净锅置火上，加入鲜汤，下入猪脊骨块、白萝卜、胡萝卜、姜块和葱段煮沸。

3. 烹入料酒，转小火炖煮2小时，加入精盐、味精、鸡精、胡椒粉调好口味，捞出葱段、姜块不用，出锅上桌即可。

珠玉虫草花

原料

猪排骨 500 克,甜玉米 150 克,虫草花 30 克,芡实、枸杞子各 10 克。

调料

葱段、姜片各 15 克,精盐 2 小匙,味精 1 小匙。

制作步骤

1. 甜玉米剥取玉米粒;虫草花洗涤整理干净;芡实、枸杞子分别洗净。

2. 猪排骨洗净血污,捞出,沥净水分,剁成段,放入清水锅中,置火上焯烫一下,捞出排骨段,沥净水分。

3. 净锅置火上烧热,加入清水、葱段、姜片、猪排骨段、甜玉米粒、芡实和虫草花烧沸,用中火煮40分钟至熟,加入枸杞子,放入精盐、味精调好口味,出锅上桌即可。

翠绿珠豆汤

原料

猪排骨400克,苦瓜150克,水发黄豆100克,枸杞子10克。

调料

大葱15克,姜块10克,精盐1小匙,胡椒粉少许。

制作步骤

1 苦瓜洗净,顺长切成两半,片去苦瓜瓤(图①),切成小条(图②);水发黄豆择洗干净,沥净水分;姜块去皮,切成大片;大葱去根和老叶,切成段;枸杞子用清水浸泡片刻。

2 猪排骨洗净血污,剁成段(图③),放入清水锅中焯煮5分钟,撇去浮沫(图④),捞出排骨段,换清水洗净。

3 净锅置火上,加入清水、葱段、姜片、排骨段和水发黄豆(图⑤),先用旺火烧沸,改用小火煮至排骨段熟嫩,放入苦瓜条(图⑥),继续煮几分钟,撒上枸杞子,加入精盐和胡椒粉调好口味,出锅上桌即成。

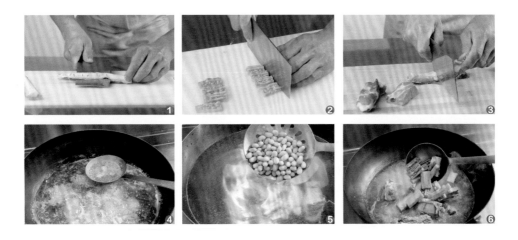

黄玉孺子牛

原料

牛肉·················200 克
玉米粒···············100 克
番茄·················· 75 克

调料

精盐·················· 1 小匙
料酒·················· 1 大匙
鸡精··················少许

制作步骤

1. 牛肉洗净血污，去掉筋膜，先切成1厘米大小的厚片（图①），再切成小丁（图②），放在碗内，加上少许精盐和料酒拌匀。

2. 把玉米粒洗净，沥净水分；番茄去蒂，洗净，切成丁。

3. 炒锅置火上，倒入适量的清水烧沸，加入牛肉粒煮至变色（图③）。

4. 倒入玉米粒和番茄丁继续煮几分钟，用手勺撇去汤汁表面的浮沫和杂质（图④），加入精盐和鸡精（图⑤），用中火煮15分钟至汤汁浓稠并入味（图⑥），出锅上桌即可。

☉ 牛气冲天

原料

牛腩肉 250 克，番茄 150 克，香葱 15 克。

调料

大葱、姜块、蒜瓣各 5 克，八角 3 个，精盐、白糖、老抽各 1 小匙，生抽 1 大匙，植物油 2 大匙。

制作步骤

1 牛腩肉洗净血污，擦净水分，先切成长条（图①），再切成大小均匀的大块，放入清水锅内焯烫5分钟，捞出牛腩块，沥净水分（图②）。

2 香葱去根和老叶，切成香葱花；番茄洗净，切成两半，去蒂，再切成滚刀块（图③）；大葱洗净，切成葱段；姜块、蒜瓣分别去皮，均切成片。

3 锅置火上烧热，倒入植物油烧至六成热，放入姜片、八角炝锅（图④），放入牛腩块翻炒均匀（图⑤），加入精盐，倒入清水烧沸，用中火炖煮1小时成牛腩汤，加入葱段、蒜片、番茄块烧沸（图⑥），加入生抽、白糖、老抽调好口味，撒上香葱花，出锅上桌即成。

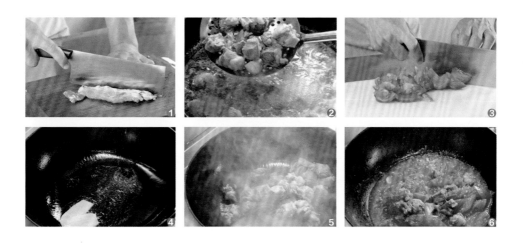

🉑 洋洋得意

原料

羊腩肉 500 克，冬瓜 300 克，香葱少许。

调料

葱段 20 克，姜片 15 克，精盐、味精、鸡精各 1 小匙，香油 1/2 小匙。

制作步骤

1 将羊腩肉洗净，切成2厘米大小的块；冬瓜去皮，去瓤，洗净，切成厚片；香葱去根和老叶，切成碎末。

2 坐锅点火，加入适量清水烧沸，先下入羊肉块煮沸，撇去表面浮沫，再放入葱段、姜片，转小火炖约30分钟至熟烂。

3 放入冬瓜片，加入精盐、味精、鸡精煮5分钟，待冬瓜片熟透时，淋入香油，撒上香葱末，装碗上桌即可。

㊤ 双宝同辉

原料

净土鸡 1 只，长白山松茸200克,虫草花25克。

调料

葱段 10 克，姜片 15 克，精盐 1 小匙，料酒 1 大匙。

制作步骤

1 净土鸡剁去爪尖，把鸡腿别入鸡腹中，放入清水锅内，加入葱段、姜片、料酒，用旺火焯烫几分钟，捞出土鸡。

2 长白山松茸去根，放入清水中，洗涤整理干净，切成小块（或大片）；虫草花去根，洗净，放入沸水锅内焯烫一下，捞出，沥水。

3 土鸡放入汤碗内，摆上长白山松茸和虫草花，倒入清水，盖上汤碗盖，放入蒸锅内，隔水炖1小时，加入精盐调好口味即可。

⊕ 乌鸡白凤汤

原料

净乌鸡半只，鸡胸肉200克，猪肥膘肉50克，虫草花 10 克，鸡蛋清1个。

调料

精盐、味精各 1 小匙，胡椒粉 1/2 小匙，葱姜汁 2 大匙，水淀粉 2 小匙，香油少许。

制作步骤

1 把净乌鸡放入沸水锅中焯烫2分钟，捞出，冲净，沥净水分，剁成大块。

2 鸡胸肉、猪肥膘肉先切小粒，再一起剁成蓉，放入盆中，加入精盐、味精、葱姜汁、鸡蛋清和水淀粉搅拌至上劲，挤成鸡肉丸。

3 把乌鸡块放入容器内，加入清水、鸡肉丸、虫草花，盖上容器盖，放入蒸锅内，隔水炖1小时，加入少许精盐、味精、胡椒粉调好口味，分盛入小碗中，淋入香油即可。

🏵 满腹经纶

原料

净土鸡 1 只，猪肚 1 个，虫草花 10 克。

调料

葱段、姜块各 15 克，精盐 2 小匙，米醋、淀粉各 1 大匙，胡椒粉少许，清汤适量。

制作步骤

1 净土鸡放入沸水锅内煮10分钟，捞出，过凉，剁成大小均匀的块；虫草花择洗干净。

2 猪肚去掉油脂和杂质，加入米醋、淀粉和清水揉搓，换清水洗净，放入清水锅内，加入葱段、姜块煮30分钟，捞出，切成大块。

3 净锅置火上，加入清汤，放入土鸡块和猪肚块烧沸，用小火煮至熟嫩，放入虫草花，加入精盐和胡椒粉调好口味，出锅上桌即可。

43

囍 喜结连理

原料

鸭子半只,山药150克,红枣、枸杞子各少许。

调料

老姜1块,精盐、料酒各2小匙,胡椒粉少许。

制作步骤

1 老姜洗净,去皮,切成大片(图①);山药刷洗干净,擦净表面水分,削去外皮,切成滚刀块(图②);红枣洗净,去掉果核,取净红枣果肉。

2 鸭子用清水漂洗干净,沥净水分,剁成大小均匀的块(图③),放入沸水锅内焯烫几分钟(图④),捞出鸭块,沥净水分。

3 净锅置火上,放入清水烧沸,放入料酒、鸭块、红枣、姜片和山药块,用中火炖煮1小时(图⑤),加入精盐、胡椒粉调好口味(图⑥),放入枸杞子稍煮即可。

🌀 鹊浴深池

原料

乳鸽 1 只（约 300 克），人参 25 克，枸杞子 15 克。

调料

老姜 1 小块，桂皮 1 大块，精盐 1 小匙，料酒 1 大匙，
胡椒粉少许。

制作步骤

1 把乳鸽尾椎切掉（图①），取出乳鸽内脏，收拾干净，再放入乳鸽腹内，然后把乳鸽反复冲洗干净，沥净水分；老姜去外皮，切成薄片；人参放在清水盆内，用小牙刷把人参表面的污泥刷洗干净，再换清水洗净。

2 净锅置火上，倒入清水，放入乳鸽（图②），烹入料酒，用中火焯烫3分钟（焯烫时要反复几次让热水进入乳鸽腹腔中，顺带把血污冲出），捞出乳鸽（图③），换清水洗净，再放入冷水锅内（图④），用旺火烧沸。

3 加入姜片、桂皮块和人参（图⑤），用小火煮30分钟，加入胡椒粉、精盐，继续煮至乳鸽熟嫩（图⑥），加入枸杞子煮3分钟，出锅上桌即成。

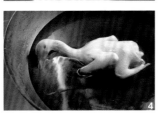

宽宏海量

原料

蛏子、猪肚各 250 克，小白菜 50 克，香菜 15 克，小米椒碎 10 克。

调料

葱段 15 克，花椒 5 克，干红辣椒 5 克，八角 2 个，精盐、料酒、米醋、胡椒粉、清汤各适量。

制作步骤

1. 蛏子放入沸水锅内焯烫至开壳，捞出蛏子（图①），剥去外壳，去掉杂质（图②），取净蛏子肉；小白菜、香菜洗净，切成段。

2. 猪肚加入少许精盐和米醋，反复搓洗以去掉黏液，换清水洗净，放入沸水锅内焯烫5分钟，捞出猪肚（图③）。

3. 锅内加入清水、猪肚、葱段、花椒、八角、干红辣椒和料酒（图④），烧沸后用中火煮40分钟至猪肚熟嫩，捞出猪肚，沥净水分，切成小条（图⑤）。

4. 锅置火上烧热，加入清汤、熟猪肚条和蛏子肉，用旺火煮5分钟，加入精盐、胡椒粉调好汤汁口味（图⑥），加入小白菜段稍煮，撒上小米椒碎和香菜段，出锅上桌即成。

精美冷菜

凤尾白菜

原料

大白菜……… 400 克

香菜………… 25 克

黑芝麻…………少许

调料

陈皮…………… 3 克

橙汁…………… 1 大匙

白糖…………… 2 大匙

白醋……………适量

制作步骤

1 大白菜洗净，去掉菜叶，只取大白菜嫩帮，先切上斜刀（白菜帮底部不要切断），再纵向切成细条。

2 将白菜条放入冷水中浸泡10分钟，使白菜条成凤尾状，沥净水分；香菜取嫩叶，洗净；陈皮洗净，切成细丝。

3 把凤尾白菜条、陈皮丝、香菜叶、黑芝麻调拌均匀，码放在盘内，淋上由橙汁、白糖、白醋调拌的味汁，直接上桌即可。

五彩缤纷

原料

三文鱼 300 克，生菜、紫甘蓝、核桃仁、洋葱、黄椒、红椒、柠檬、黄瓜各适量，熟芝麻少许。

调料

精盐、酱油、红酒、柠檬汁、橄榄油各适量。

制作步骤

1 三文鱼洗净，切成条；紫甘蓝、黄椒、红椒、柠檬、黄瓜分别洗净，均切成条；洋葱洗净，取一半切成条，另一半切成末。

2 生菜洗净，撕成块，放入盘中垫底，间隔码上洋葱条、黄椒条、红椒条、柠檬条和黄瓜条，中间码放上三文鱼条，撒上核桃仁。

3 红酒倒入小碗内，加入洋葱末、柠檬汁、精盐、熟芝麻、酱油、橄榄油调拌均匀成味汁，淋在三文鱼和蔬菜上即可。

平心静气

原料

白萝卜1根，红尖椒25克，香葱15克，熟芝麻少许。

调料

精盐1小匙，香醋2大匙，白糖1大匙，生抽2小匙。

制作步骤

1　白萝卜洗净，去掉菜根（图①），削去外皮（图②），先顺长切成两半，表面剞上一字刀，再把白萝卜切成厚片（图③）。

2　红尖椒去蒂，去籽，用清水漂洗干净，切成小粒；香葱去根和老叶，洗净，切成香葱花；把白萝卜片放在大碗中，加入精盐拌匀（图④），腌渍出水分，取出，攥净水分。

3　把白萝卜片再次放在大碗内，加上香醋、白糖、少许精盐和生抽搅拌均匀（图⑤），腌渍30分钟（图⑥），加入红尖椒粒、香葱花和熟芝麻拌匀，装盘上桌即可。

☯ 雨后春笋

原料

芦笋 200 克，净兔肉 150 克，红椒丝 25 克。

调料

精盐 1/2 小匙，味精、白糖各少许，花椒油 1 小匙，植物油 1 大匙。

制作步骤

1. 把净兔肉放入清水锅内烧沸，转小火煮20分钟至熟，捞出，沥水，用小木棒轻轻捶打至松软，撕成兔肉丝。

2. 芦笋去根，刮去老皮，切成细条，放入沸水锅内，加入少许精盐、植物油和红椒丝焯烫一下，一起捞出，沥净水分。

3. 把熟兔肉丝、芦笋条、红椒丝放在容器内，加入精盐、味精、白糖和花椒油搅拌均匀，装盘上桌即可。

🌑 樱桃山药

原料

山药 500 克，根甜菜 100 克，鲜樱桃 75 克，果丹皮 50 克。

调料

蜂蜜 1 大匙，白糖 2 大匙，蓝莓酱适量。

制作步骤

1　把山药洗净，削去外皮，切成段，放入蒸锅内，用旺火蒸20分钟，取出，凉凉，压成泥，加入蜂蜜和白糖拌匀成山药蓉。

2　根甜菜洗净，切成块，放入搅拌器内，加入鲜樱桃、果丹皮和蓝莓酱搅碎，过滤，倒入净锅内，用小火熬煮成樱桃浓汁，取出。

3　把山药蓉团成小球状，插上樱桃枝，放入冰箱内冷冻，食用时取出，裹上一层樱桃浓汁，装盘上桌即可。

☺ 凉拌虫草花

原料

鲜虫草花 300 克，大葱 50 克，香菜 25 克。

调料

蒜末 5 克，精盐 1 小匙，米醋 2 小匙，香油 1/2 大匙。

制作步骤

1 鲜虫草花洗净，沥净水分，切去根部（图①），再放入清水中浸泡10分钟（图②）；大葱去根和叶，留葱白部分，切成细丝（图③）；香菜取嫩叶，洗净，沥水。

2 净锅置火上，加入清水和少许精盐烧沸，倒入虫草花，用旺火焯烫2分钟，捞出虫草花（图④），沥净水分。

3 把焯烫好的虫草花放在容器内，先加入葱白丝（图⑤），再放入精盐、米醋、香油和蒜末搅拌均匀，码放在盘内，撒上香菜叶即成（图⑥）。

三彩薯圆

原料

紫薯、红薯、山药各 300 克，
鲜豌豆粒少许。

调料

白糖 2 小匙，炼乳 2 大匙，
牛奶 150 克。

制作步骤

1. 鲜豌豆粒洗净，放入沸水锅内焯煮至熟，捞出，过凉，沥净水分。

2. 紫薯、红薯和山药分别洗净，削去外皮，切成厚 1 厘米左右的片，再用圆形模具压成圆形，放入沸水锅内焯烫一下，捞出，沥水。

3. 锅置火上烧热，加入白糖、炼乳、牛奶和清水煮沸，出锅，倒入容器内，凉凉，放入紫薯、红薯和山药拌匀，浸泡 2 小时，食用时捞出，码放在盘内，撒上熟豌豆粒即可。

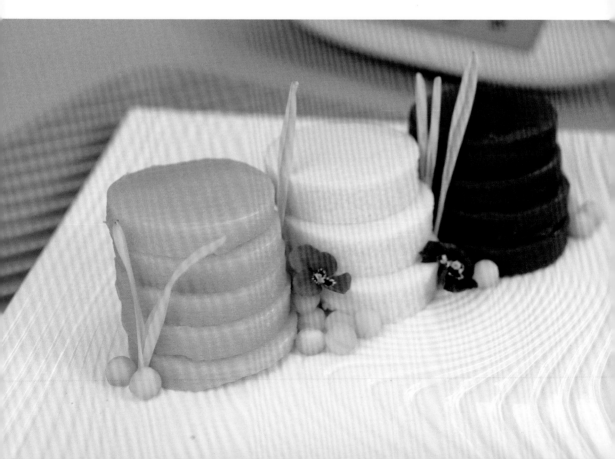

浪漫藕片

原料

莲藕…………… 500 克
紫甘蓝………… 100 克
蜜汁山楂………… 25 克
苦苣…………… 少许

调料

蓝莓酱………… 2 大匙
白糖…………… 2 小匙
蜂蜜…………… 1 大匙

制作步骤

1. 苦苣去根，洗净，沥净水分；紫甘蓝洗净，切成小块，放入粉碎机中，加入少许清水打碎，过滤后取紫甘蓝汁。

2. 把甘蓝汁倒入大碗中，加入蓝莓酱、白糖、蜂蜜搅拌均匀成味汁；莲藕削去外皮，洗净，切成薄片。

3. 莲藕片放入沸水锅中焯烫至熟，捞出，过凉，放入味汁中浸泡至入味，食用时取出，码放在盘内，用蜜汁山楂、苦苣点缀即可。

蒜香福肉

原料

带皮五花肉 1 块（约 500 克），蒜瓣 50 克，香葱、红椒各 25 克。

调料

葱段、姜片各 15 克，精盐少许，豆瓣酱 2 大匙，豆豉、酱油、料酒各 1 大匙，香油、辣椒油各 2 小匙。

制作步骤

1. 蒜瓣去皮，剁成蒜泥（图①）；香葱择洗干净，切成香葱花；红椒洗净，切成小粒。

2. 带皮五花肉块放入沸水锅内，加入葱段、姜片和料酒烧沸（图②），用中火煮约30分钟至熟，捞出带皮五花肉块（图③）。

3. 把熟五花肉块凉凉，放在案板上，切成大小均匀的薄片（图④），码放在盘内。

4. 将蒜泥倒入小碗中，加入豆瓣酱、酱油、精盐、豆豉和香油拌匀，再加入红椒粒、辣椒油拌匀成蒜泥汁（图⑤），淋在熟五花肉片上（图⑥），撒上香葱花即成。

水晶之恋

原料

猪蹄2只，净香菜少许。

调料

八角、香叶、陈皮、花椒、葱段、姜片各少许，料酒2大匙，酱油1大匙，精盐1小匙。

制作步骤

1 猪蹄放入清水锅内，加入料酒煮5分钟，捞出，再放入高压锅内，加入清水淹没猪蹄。

2 用纱布包裹上八角、香叶、陈皮、花椒、葱段、姜片成调料包，放入高压锅内，加入料酒、酱油和精盐，盖上高压锅盖，压1小时至猪蹄熟嫩，取出猪蹄，去掉骨头，凉凉。

3 把猪蹄放入保鲜盒内，滗入原汤汁，放入冰箱内冷藏成冻，食用时取出，去掉油脂，切成大片，码放在盘内，撒上净香菜即可。

🉑 欣欣向荣

原料

猪心 2 个，青椒、红椒各少许。

调料

精盐、料酒各 1 大匙，鸡精 2 小匙，香料包 1 个（茶叶 15 克，甘草 4 片，八角 3 粒，花椒、胡椒各少许，桂皮 1 小块）。

制作步骤

1 将猪心切成两半，除去白色筋膜，用清水漂洗干净，放入沸水锅内焯烫一下，捞出，沥水；青椒、红椒洗净，均切成细丝。

2 净锅置火上，加入清水、香料包、料酒、精盐和鸡精煮5分钟成味汁，放入猪心，用小火卤20分钟，关火，浸泡2小时至入味。

3 捞出猪心，切成大片，码放在盘中，撒上青椒丝和红椒丝，淋上少许卤猪心的味汁，直接上桌即可。

顺风脆耳

原料

猪耳朵 1000 克。

调料

葱花 10 克,葱段、姜片、桂皮各 15 克,八角 3 个,精盐、味精各 1 小匙,料酒 2 大匙,香油少许,卤水适量。

制作步骤

1 将猪耳朵用温水浸泡并洗净,刮净皮面的绒毛,切去耳根,放入沸水锅内煮 10 分钟,捞出猪耳朵,过凉,沥水。

2 净锅置火上烧热,加入卤水、葱段、姜片、桂皮、八角、精盐、味精和料酒烧沸,放入猪耳朵,用小火卤 1 小时至熟,捞出。

3 把熟猪耳朵叠放在盘内,浇上卤汁,用重物压实,放入冰箱内,食用时取出,刷上香油,切成片,放在盘内,撒上葱花即可。

祥云牛肉

原料

牛肉700克,哈密瓜球、豌豆苗、极细辣椒丝、三色堇各少许。

调料

葱段50克,姜片30克,酱油1大匙,甜面酱2小匙,生抽、辣椒油各1小匙,香油1/2小匙。

制作步骤

1 将牛肉去除筋膜,洗净,切成大块,放入沸水锅中焯煮一下,撇去表面的浮沫,加入葱段、姜片和酱油,用旺火烧沸。

2 改用小火焖煮2小时至牛肉块熟嫩,捞出牛肉,凉凉,横着肉纹切成大薄片,码放在盘中,用哈密瓜球、极细辣椒丝、三色堇和豌豆苗加以点缀。

3 把生抽、香油、甜面酱、辣椒油放入小碗中调匀成味汁,与牛肉片一起上桌蘸食。

喜气洋洋

原料

羊肉 500 克，红椒、香葱各少许。

调料

大葱、姜块、蒜瓣各 15 克，花椒、干红辣椒、八角各 5 克，精盐 2 小匙，酱油、米醋各 1 大匙，香油 1 小匙。

制作步骤

1 将羊肉去除筋膜，洗净血污；大葱洗净，切成段；姜块去皮，拍碎；红椒、香葱分别洗净，切成碎粒。

2 蒜瓣剥去外皮，剁成末，放在小碗内，加上米醋、酱油、香油拌匀成味汁。

3 羊肉放入冷水锅内（图①），加上葱段、姜块、干红辣椒、花椒和八角（图②），加入精盐（图③），用旺火烧沸（图④），用小火炖1小时至肉熟，捞出羊肉（图⑤）。

4 将羊肉凉凉，切成大小均匀的片（图⑥），码放在盘内，撒上切碎的红椒粒和香葱粒，带调好的味汁一起上桌蘸食即可。

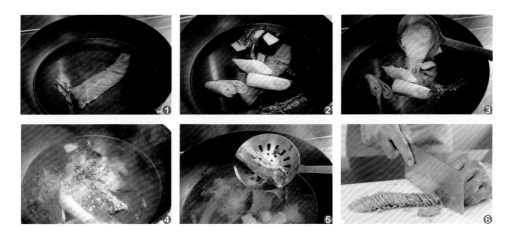

☉ 大吉大利

原料

鸡腿 750 克，红尖椒、去皮熟花生米、熟芝麻、香葱花各少许。

调料

蒜瓣、葱段、姜片、干红辣椒、香叶各少许，精盐、生抽、白糖、米醋、香油、辣椒油各适量。

制作步骤

1 将红尖椒洗净，去蒂，切成椒圈（图①）；蒜瓣去皮，剁成蒜末；去皮熟花生米压成花生碎。

2 净锅置火上烧热，加入足量的清水，放入鸡腿、葱段、姜片、干红辣椒和香叶（图②），先用旺火煮至沸，撇去表面的浮沫，再加入少许精盐，用中火煮约20分钟至熟（图③），捞出。

3 将熟鸡腿凉凉，放在菜板上，用擀面杖将鸡腿肉敲打至松软（图④），再把熟鸡腿肉撕成小条，码放在深盘内。

4 红尖椒圈、蒜末放入碗中，加入精盐、生抽、白糖、米醋、香油、辣椒油、花生碎、熟芝麻、香葱花拌匀（图⑤），淋在熟鸡腿条上即可（图⑥）。

金钱凤腿

原料

净鸡腿 2 只，松花蛋 4 个，茶叶 15 克。

调料

精盐、料酒各 2 小匙，味精、红糖、花椒粉各 1 小匙，胡椒粉少许，香油 1 大匙。

制作步骤

1 松花蛋放入蒸锅内蒸几分钟，取出，剥去外壳；净鸡腿剔去骨头，放入碗中，加入精盐、味精、胡椒粉、花椒粉和料酒拌匀。

2 把鸡腿皮朝下铺在案板上，中间放入蒸好的松花蛋，从一侧卷起成筒状，用净纱布包裹，捆紧扎牢成松花鸡腿生坯，放在盘内，用旺火蒸30分钟至熟，取出，去掉纱布。

3 把浸湿的茶叶和红糖放入热锅内，架上铁箅子，码上松花鸡腿，盖严锅盖，用旺火熏2分钟，取出，刷上香油，切成厚片即可。

大雅之堂

原料

净鸭腿 750 克。

调料

姜末 10 克，精盐、五香粉各少许，玫瑰露酒、老抽、白糖、麦芽糖、苹果醋、酸梅酱各适量。

制作步骤

1 净鸭腿放在容器内，加入玫瑰露酒、姜末、老抽、精盐、白糖、五香粉拌匀，腌渍4小时；麦芽糖、苹果醋调拌均匀成脆皮汁。

2 净鸭腿放入烤箱中，启动热风循环，用低温吹10分钟至表皮收紧，刷上脆皮汁，继续用热风循环，如此反复3次，取出净鸭腿。

3 把烤箱预热至220℃，放入鸭腿烤6分钟，把鸭腿翻面，用180℃烤8分钟，取出，剁成块，码放在盘内，带酸梅酱一起上桌。

凤凰菜卷

原料

小白菜300克,鸡蛋4个。

调料

精盐1小匙,米醋、水淀粉、面粉各2小匙,植物油1大匙,鸡精1/2小匙,香油少许。

制作步骤

1 鸡蛋磕入碗内,加上少许精盐、面粉、水淀粉拌匀成鸡蛋液(图①);小白菜去根和老叶,切成段,放入清水锅内(图②),加上少许精盐焯烫一下,捞出,过凉,沥水。

2 将焯烫好的小白菜放在容器内,加上精盐、米醋、鸡精和香油搅拌均匀(图③)。

3 平锅置火上,刷上植物油,倒入鸡蛋液,转动平锅使蛋液均匀平铺在锅底,看到蛋皮边缘与锅壁脱离,取出成鸡蛋皮(图④)。

4 鸡蛋皮放在案板上,在一侧摆上加工好的小白菜(图⑤),卷起成蛋皮菜卷,切成大小均匀的小块(图⑥),码盘上桌即可。

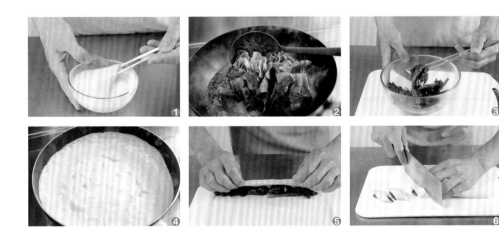

福张肉冻

原料

干豆腐 500 克，猪肘肉 250 克，猪肉皮 200 克。

调料

葱段、姜片各 15 克，花椒、香叶各 3 克，精盐 2 小匙，味精 1 小匙，辣酱油 1 小碟。

制作步骤

1 猪肘肉、猪肉皮刮洗干净，放入净锅内，加入清水、葱段、姜片、花椒、香叶，用小火煮40分钟至肘肉、肉皮软熟，捞出。

2 把熟肘肉、熟肉皮切成小条，放入过滤后的原汤中，继续用小火煮30分钟，加上精盐、味精调好口味，离火，凉凉。

3 把干豆腐放在容器内垫底，倒入熬煮好的熟肘肉等，上面再盖上干豆腐，置阴凉处成肉冻，切成小块，带辣酱油一起上桌蘸食即可。

 # 锦绣拉皮

原料

拉皮 400 克，黄瓜 200 克，胡萝卜、心里美萝卜、芹菜、水发木耳、鸡蛋薄饼、苦苣、香菜叶各少许。

调料

芝麻酱 2 大匙，蒜蓉 10 克，米醋、精盐、白糖、花椒油、辣椒油各适量。

制作步骤

1. 把拉皮放入清水中，轻轻抖开，沥净水分，切成长条，码放在盘子中间；黄瓜去皮、去瓤，切成小条，摆在拉皮两侧。

2. 芝麻酱放在碗里，加入少许清水搅拌均匀，再放入蒜蓉、米醋、精盐、白糖、花椒油和辣椒油，搅拌均匀成味汁。

3. 胡萝卜、心里美萝卜去皮；芹菜、水发木耳洗净，均切成小粒，与切成粒的鸡蛋薄饼分别放在拉皮上面，再放入洗净的香菜叶和苦苣丝加以点缀，带味汁一起上桌即可。

☗ 一品酥鱼

原料

鲫鱼 750 克。

调料

大葱、蒜瓣、姜片各
15 克，香叶、八角、
干红辣椒、花椒、桂皮、
肉蔻各少许，精盐、豆
瓣酱、料酒、米醋、白
糖、植物油各适量。

制作步骤

1 鲫鱼去掉鱼鳞、鱼鳃和内脏，洗净血污，表面剞上一字刀，涂抹上少许精盐和料酒，腌渍10分钟；蒜瓣去皮；大葱去根，切成段。

2 锅内倒入植物油烧至八成热，放入鲫鱼，用中火炸至酥脆（图①），捞出鲫鱼，沥油。

3 锅内留少许底油烧热，加入葱段、姜片、蒜瓣（图②），放入花椒、八角、肉蔻、干红辣椒炒出香味（图③），加入豆瓣酱炒散，放入香叶、桂皮、米醋和白糖（图④）。

4 加入精盐和适量的清水烧沸（图⑤），放入鲫鱼，用小火炖30分钟至熟（图⑥），用旺火收浓汤汁，离火，凉凉，装盘上桌即可。

 富贵捞生

原料

三文鱼肉 300 克，胡萝卜、西生菜、白菜、莴笋、金针菇各适量。

调料

芝麻酱 1 大匙，黑胡椒碎、精盐、味精各 1 小匙，XO 酱、米醋、白糖、香油各适量。

制作步骤

1 胡萝卜、莴笋洗净，削去外皮，均切成细丝，分别加入少许精盐拌匀，稍腌；白菜、西生菜洗净，切成细丝；金针菇去蒂，放入沸水锅内焯烫一下，捞出，过凉，沥水。

2 把三文鱼肉切成 5 厘米长的小条，码放在盘子中间，四周摆上加工好的胡萝卜丝、莴笋丝、白菜丝、西生菜丝和金针菇。

3 芝麻酱放在容器内，加入黑胡椒碎、精盐、味精、XO 酱、米醋、白糖和香油拌匀成味汁，与三文鱼一起上桌即可。

☉ 捞汁菊花蜇

原料

水发海蜇头、黄瓜各250克,洋葱、水发粉丝、鲜虫草花、海草、干豆腐各适量;泰椒、香葱花各少许。

调料

精盐、味精各少许,酱油、蚝油、香醋、白糖、苹果醋、香油各适量。

制作步骤

1 水发海蜇头用热水稍烫一下,捞出,沥水,片成片;黄瓜、洋葱洗净,切成细丝;干豆腐切成细条;泰椒去蒂,切碎。

2 把圆形模具放在容器中间,先放入黄瓜丝垫底,再分别放入洋葱丝、水发粉丝、鲜虫草花和海草,摆上水发海蜇头片,再放上干豆腐条,撒上泰椒碎和香葱花。

3 把精盐、味精、酱油、蚝油、香醋、白糖、苹果醋、香油调拌均匀成捞汁,倒入盛有原料的容器内,直接上桌即可。

我家主菜

㊗ 大展宏图翅

原料

带皮五花肉 300 克，水发鱼翅 150 克，油菜 25 克，枸杞子 5 克，鸡蛋 1 个。

调料

小葱 15 克，姜块 10 克，精盐 1 小匙，面粉 1 大匙，胡椒粉少许，香油 2 小匙，清汤适量。

制作步骤

1　姜块洗净，削去外皮，切成细末（图①）；小葱去根和老叶，洗净，切成碎末；鸡蛋磕在碗内，用筷子搅打成鸡蛋液；油菜洗净，去掉菜根；枸杞子洗净，沥净水分。

2　带皮五花肉去皮（图②），先切成细条，再切成小粒（图③），最后剁成肉末，放入容器内，加入姜末、小葱末和少许精盐搅拌均匀（图④），倒入鸡蛋液，加入面粉，最后加入少量清水（图⑤），搅拌均匀至上劲成馅料。

3　净锅置火上，加入清汤，把馅料团成大丸子（图⑥），放入锅内，加入水发鱼翅烧沸，用小火煮至熟香，加入精盐、胡椒粉调好口味，加入油菜和枸杞子，淋入香油，离火，分盛在炖盅内，直接上桌即可。

深情拥抱

原料

鲍鱼500克，土豆300克，香葱花少许。

调料

葱段、姜片、蒜瓣各10克，八角2个，精盐1小匙，酱油、蚝油、白糖、植物油各适量。

制作步骤

1. 用刀沿着鲍鱼外壳划开，取出鲍鱼肉，去掉内脏（图①），用清水漂洗干净，沥净水分，在表面剞上十字花刀（图②），放入沸水锅内焯烫一下，捞出（图③）。

2. 土豆削去外皮，切成小块，用清水洗去表面淀粉，沥净水分，放入热油锅内冲炸一下，捞出，沥油（图④）。

3. 净锅置火上，加入植物油烧热，加入八角、葱段、姜片、蒜瓣炝锅，放入酱油、蚝油、白糖和清水烧沸，加入土豆块（图⑤）。

4. 用小火炖约10分钟，加入鲍鱼和精盐，继续用小火炖5分钟（图⑥），用旺火收浓汤汁，撒上香葱花，出锅上桌即可。

芝士龙虾仔

原料

龙虾仔 1 只，薯泥 100 克，鲜柠檬 1/2 个，香草少许。

调料

蒜瓣 20 克，法香 5 克，精盐、胡椒粉各少许，巴拿马芝士 20 克，白兰地酒 1 大匙，黄油 100 克，食用金箔少许。

制作步骤

1 法香洗净，切碎；蒜瓣去皮，剁成蒜蓉；将黄油放入容器内，加入蒜蓉、法香碎，充分搅拌均匀（图①）；巴拿马芝士切碎。

2 将龙虾仔从背部剖开（图②），去掉内脏和杂质，擦净水分，加上精盐、胡椒粉、白兰地酒拌匀，腌渍5分钟，在切开的龙虾仔表面涂抹上拌好的黄油（图③），撒上巴拿马芝士碎（图④）。

3 烤炉预热至220℃，把龙虾仔放在烤盘上（图⑤），放入烤箱内烘烤10分钟，待龙虾仔全熟且外表金黄时，取出。

4 把龙虾仔码放在盘内，将鲜柠檬挤出柠檬汁淋在龙虾仔上，配上薯泥及香草，撒上食用金箔即可（图⑥）。

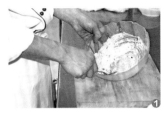

🔘 猛龙过江

原料

波士顿龙虾1只，鸡蛋清5个，西蓝花瓣适量。

调料

大葱、姜块各10克，精盐2小匙，料酒1大匙，花椒油少许，牛奶、水淀粉、淀粉、植物油各适量。

制作步骤

1 波士顿龙虾刷洗干净，取净龙虾肉，放在容器内，加入少许精盐、淀粉、料酒拌匀，腌渍20分钟，再倒入沸水锅内焯烫至熟，捞出。

2 把大葱、姜块放入粉碎机内，加入鸡蛋清搅打均匀，取出，倒入容器内，加入龙虾肉、牛奶、精盐调匀成芙蓉汁。

3 净锅置火上，加入植物油烧热，倒入调好的芙蓉汁推炒均匀，用水淀粉勾芡，淋入花椒油，出锅，码放在盘内，用焯烫好的西蓝花瓣围边，摆上波士顿龙虾头尾即可。

黑椒龙王

原料

古巴龙虾1只,西蓝花、红椒、黄椒、香葱段各适量,鸡蛋清1个。

调料

精盐、味精、鸡汁各少许,黑胡椒碎1小匙,淀粉1大匙,植物油适量。

制作步骤

1 古巴龙虾宰杀,取净龙虾肉,切成小块,加上鸡蛋清、精盐和淀粉拌匀,放入热油锅内冲炸至熟,捞出,沥油。

2 西蓝花取花瓣,放入沸水锅内,加入少许精盐焯烫一下,捞出,沥水,码放在盘内;红椒、黄椒去蒂,洗净,切成小条。

3 锅内加入植物油烧热,放入香葱段、红椒条、黄椒条炝锅,加入精盐、鸡汁、味精,倒入龙虾块,撒上黑胡椒碎,快速炒匀,出锅,装入盛有西蓝花的盘内即可。

鸿运当头

主料:

阿根廷红虾…… 400 克
西蓝花………… 250 克

调料

大蒜粉………… 5 克
精盐………… 1/2 小匙
料酒………… 1 大匙
生抽………… 2 小匙
植物油………… 少许
粗盐………… 适量

制作步骤

1 阿根廷红虾去掉虾须（图①），放入容器内，加上大蒜粉、料酒、生抽、少许精盐拌匀，腌渍20分钟，再放入沸水锅内焯烫至变色，捞出（图②），沥水。

2 西蓝花去掉菜根，取嫩西蓝花瓣（图③），放入沸水锅内，加入精盐和植物油焯烫至熟，捞出（图④），过凉，沥净水分，码放在盘内。

3 锅置火上，倒入粗盐翻炒至发烫（图⑤），加入阿根廷红虾翻炒均匀（图⑥），或者用粗盐盖住红虾5分钟，取出红虾，放在盛有西蓝花的盘内即可。

蒜蓉开边虾

原料

草虾 300 克，细粉丝 50 克，红椒、香葱花、小米椒各 10 克。

调料

蒜瓣 50 克，姜块 5 克，精盐少许，豆豉、白糖各 1 小匙，蒸鱼豉油 1 大匙，植物油 2 大匙。

制作步骤

1　用尖刀从草虾后背处片开（图①），去除虾线；小米椒切成米椒圈（图②）；蒜瓣去皮，洗净，剁成细末，放在碗内。

2　炒锅置火上，倒入植物油烧至八成热，倒在盛有蒜末的小碗内烫出蒜香味（图③）；姜块去皮，切成末；红椒洗净，切成小粒。

3　细粉丝放入碗中，倒入温水涨发（图④），捞出，加入姜末、精盐、少许蒸鱼豉油、白糖拌匀，放在盘内垫底（图⑤）。

4　草虾放入沸水锅内焯烫一下，捞出，放在水发细粉丝上，加入豆豉、米椒圈、红椒粒和炸蒜末（图⑥），放入蒸锅内蒸6分钟，取出，淋上蒸鱼豉油，撒上香葱花即可。

大红帝王蟹

原料

帝王蟹 1 只，鸡蛋 6 个。

调料

姜汁 1 小匙，精盐、胡椒粉各少许，花雕酒 2 大匙，鸡汁 2 小匙，清汤、水淀粉各适量。

制作步骤

1 将帝王蟹刷洗干净，擦净水分，把蟹腿剪下来，剪开；把帝王蟹去掉内脏和杂质，码放在大圆盘中间，四周摆上帝王蟹腿。

2 鸡蛋磕入容器内打散，加入少许清汤拌匀，再加入精盐、花雕酒拌匀成鸡蛋液，倒入码好帝王蟹的圆盘内，用保鲜膜密封，放入蒸锅内，用旺火蒸10分钟至熟，取出。

3 把清汤、姜汁、精盐、胡椒粉、花雕酒和鸡汁放入热锅内炒至浓稠，用水淀粉勾芡，出锅，淋在帝王蟹上即可。

乌龙戏珠

原料

水发海参600克，鹌鹑蛋150克，净西蓝花瓣100克。

调料

大葱段100克，精盐少许，酱油、蚝油、鲍鱼汁、白糖、清汤、水淀粉、植物油各适量。

制作步骤

1 水发海参洗涤整理干净，放入清水锅中焯烫一下，捞出，沥水；鹌鹑蛋放入锅内煮至熟，取出，过凉，剥去外壳；净西蓝花瓣放入沸水锅内焯烫一下，捞出，沥水。

2 净锅置火上，加入植物油烧至六成热，下入大葱段煸炒至变色，加入清汤、鲍鱼汁、精盐、白糖、酱油、蚝油烧沸。

3 放入水发海参烧至入味，用水淀粉勾芡，离火，取出海参和大葱段，码放在盘内，摆上熟鹌鹑蛋和西蓝花瓣即可。

㊔ 老少平安

原料

鲜海参500克，油菜100克，枸杞子少许。

调料

大葱25克，姜片、蒜片各5克，精盐、蚝油、生抽、
白糖、料酒、胡椒粉、水淀粉、植物油各适量。

制作步骤

1　鲜海参切成两半，去掉内脏，用清水洗净残留泥沙，切成长条（图①），放
入清水锅内（图②），快速焯烫一下，捞出海参，沥净水分；大葱去根和
叶，取葱白部分，切成段，放入热油锅内冲炸一下，捞出葱白段。

2　油菜去根和老叶，放入沸水锅内，加入少许精盐和植物油焯烫一下，捞出油
菜，沥净水分，码放在盘中一侧（图③），再摆上洗净的枸杞子加以点缀。

3　锅内加上植物油烧热，放入姜片、蒜片炝锅（图④），加入精盐、蚝油、生
抽、白糖、料酒、胡椒粉和清水烧沸（图⑤），放入海参和炸好的葱白段烧
焖5分钟，用水淀粉勾芡（图⑥），出锅，放在盛有油菜的盘内即可。

瑞气吉祥

原料

净仔鸡1只(约1000克),甲鱼1只(约500克),枸杞子、黄芪、白术各少许。

调料

香葱、姜块各25克,精盐2小匙,味精1/2小匙,料酒4小匙,胡椒粉少许,清汤1000克。

制作步骤

1 把甲鱼宰杀,切开甲鱼的外壳(图①),去掉内脏和杂质,换清水洗净,放入沸水锅内焯烫一下(图②),取出甲鱼,刮去表面的黑膜(图③),剁去嘴尖、爪尖;香葱去根和老叶,洗净,切成小段。

2 姜块去皮,片成大片(图④);净仔鸡剁去嘴尖、鸡爪(图⑤),用清水漂洗干净,再放入沸水锅中焯烫几分钟,捞出(图⑥),沥净水分。

3 净锅置火上,用竹箅子垫底,放入甲鱼和仔鸡,加入香葱段、姜片、黄芪、白术、料酒、胡椒粉和清汤,用旺火烧沸,转小火煮1小时至熟。

4 取出甲鱼和仔鸡,放在大汤碗内,加入精盐、味精、香葱段、姜片和枸杞子,滗入煮甲鱼的原汤,盖上汤碗盖,放入蒸锅内,用旺火蒸30分钟即可。

金丝澳带

原料

澳带（澳洲带子）300克，土豆200克，鸡蛋1个。

调料

沙拉酱 2 大匙，精盐、味精、胡椒粉各少许，料酒、淀粉、植物油各适量。

制作步骤

1. 澳带解冻，用厨房用纸巾吸净水分，放在容器内，加上精盐、料酒、胡椒粉、味精拌匀，腌渍15分钟，再加入淀粉、鸡蛋拌匀。

2. 土豆洗净，削去外皮，切成非常细的丝，放入清水中洗去部分淀粉，捞出，沥净水分，放入烧热的油锅内炸至酥脆，捞出，沥油。

3. 锅内放入植物油烧热，放入澳带炸至色泽金黄，捞出，裹上沙拉酱，放入炸好的土豆丝中，裹匀一层土豆丝，装盘上桌即可。

 年年有鱼

原料

鲈鱼 1 条，猪肥膘肉 75 克，蒜黄段 75 克，香葱花、红椒圈、葱白丝各少许。

调料

精盐、料酒各 2 小匙，酱油 1 大匙，胡椒粉、味精、水淀粉各少许。

制作步骤

1　把鲈鱼洗涤整理干净，抹上精盐，腌渍2小时；猪肥膘肉切成丁，放入热锅中，加入少许清水，上火炸出油脂，出锅成油渣。

2　鲈鱼码放在盘中，撒上胡椒粉、料酒、味精和油渣，放入蒸锅内蒸10分钟至熟，出锅，撒上香葱花、红椒圈和葱白丝。

3　锅中放入少许油渣，加入蒜黄段、料酒、酱油、精盐、胡椒粉和清水烧沸，用水淀粉勾芡，出锅，浇淋在鲈鱼上即可。

松鼠鳜鱼

原料

净鳜鱼 1 条，虾仁丁 30 克，香菇丁、豌豆粒各 25 克。

调料

姜末 10 克,精盐、料酒、番茄酱、米醋、白糖、淀粉、水淀粉、香油、植物油各适量。

制作步骤

1 从净鳜鱼齐胸鳍斜切下鱼头，再沿脊骨两侧平片至尾部，斩去脊骨，剔去胸刺，在鱼肉表面剞上十字花刀（图①）。

2 鳜鱼肉、鳜鱼头、精盐、料酒拌匀，滚上淀粉并抖散（图②）；虾仁丁、香菇丁、豌豆粒放入沸水锅内焯烫一下，捞出（图③）。

3 鳜鱼肉翻卷，翘起鱼尾成松鼠形，一手提着鱼尾，一手持筷子夹住另一端，放入烧热的油锅内炸至呈浅黄色（图④），再放入鳜鱼头炸至金黄，捞出，码放在鱼盘中（图⑤）。

4 锅内放入姜末、番茄酱、精盐、白糖、料酒和清水烧沸，倒入虾仁丁、香菇丁、豌豆粒炒匀，用水淀粉勾芡（图⑥），烹入米醋，淋上香油，出锅，浇在鳜鱼上即成。

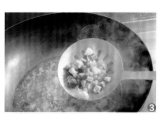

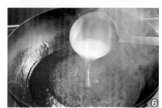

锦绣黄花鱼

原料

黄花鱼1条，五花肉75克，香菇、胡萝卜、青豆各25克。

调料

大葱、姜片、蒜瓣各少许，精盐、豆瓣酱、老抽、生抽、白糖、植物油各适量。

制作步骤

1 黄花鱼刮净鱼鳞，去除鱼鳃和内脏，在黄花鱼两侧分别剞上一字刀（图①），放入热油锅内炸至呈金黄色（图②），捞出，沥油。

2 香菇去掉菌蒂，切成丁；胡萝卜去皮，也切成丁；五花肉切成小丁（图③）；大葱洗净，切成葱花；蒜瓣去皮，切成片。

3 锅内加入植物油烧热，放入五花肉丁炒至变色（图④），放入葱花、蒜片、姜片、豆瓣酱和清水煮至沸（图⑤），放入精盐、老抽、生抽和白糖调好口味。

4 放入黄花鱼、香菇丁、胡萝卜丁和青豆烧沸，用中火烧至黄花鱼熟香（图⑥），改用旺火收浓汤汁，出锅上桌即成。

🎊 四喜团圆

原料

猪肉末 400 克，豆腐
100 克，荸荠、莲藕各
50 克，鸡蛋 1 个，香
葱花、枸杞子各少许。

调料

姜块、葱段各 15 克，
精盐 1 小匙，面粉 2 大
匙，老抽、蚝油、水淀
粉、植物油各适量。

制作步骤

1 姜块去皮，切成细末（图①）；豆腐切成碎
丁；莲藕洗净，削去外皮，切成末；荸荠洗
净，去皮，也切成末（图②）。

2 猪肉末放在容器内，磕入鸡蛋，加入姜末、
莲藕末、荸荠末、豆腐丁、精盐、面粉拌匀
成馅料（图③），团成大丸子，放入热油锅
内炸至上色，捞出，沥油（图④）。

3 净锅置火上，倒入清水，加入大丸子、葱段
和精盐烧沸，改用小火炖40分钟（图⑤），
捞出大丸子，码放在盘内。

4 把炖大丸子的原汤滗入净锅内，加入老抽、
蚝油烧沸，用水淀粉勾芡（图⑥），放入枸
杞子，淋在大丸子上，撒上香葱花即可。

葵花宝肘

原料

猪肘 1 个，净油菜心 100 克。

调料

葱段 30 克，姜片 10 克，八角 2 个，花椒 5 克，酱油 1 大匙，水淀粉 2 大匙，蜂蜜 2 小匙，鲜汤 300 克，植物油适量。

制作步骤

1. 猪肘刮洗干净，放入清水锅中煮 30 分钟，捞出，凉凉，剔去骨头，在猪肘皮面上抹匀蜂蜜，放入热油锅内炸至上色，捞出，沥油。

2. 将肘子肉表面剞上十字花刀，皮面朝下摆入大碗中，放入葱段、姜片、花椒、八角、酱油和鲜汤，上屉蒸至熟烂，取出猪肘。

3. 把猪肘扣在盘子中间；把蒸猪肘的汤汁滗入热锅内烧沸，用水淀粉勾芡，出锅，浇在猪肘上，用焯烫好的净油菜心加以点缀即可。

风云牛仔骨

原料

牛仔骨 1 大块，时令蔬菜 100 克。

调料

蒜末 10 克，精盐、白胡椒粉、黑胡椒碎各少许，红酒 2 大匙，番茄酱、白糖各 1 大匙，橙汁、植物油各适量。

制作步骤

1. 牛仔骨洗净血污，擦净水分，放在盘内，加上精盐、红酒、白胡椒粉、黑胡椒碎和少许植物油拌匀，腌渍10分钟。

2. 净锅置火上，加入植物油烧热，加入蒜末、黑胡椒碎炒香，加入番茄酱、白糖、橙汁炒至浓稠，出锅成味汁。

3. 用时令蔬菜摆出盘头；把牛仔骨放入净锅内，用中火煎至熟香，取出，摆在盛有时令蔬菜的盘内，浇上制好的味汁即可。

🈷️ 松茸神仙鸡

原料

仔鸡 1 只，松茸 100 克，油菜适量。

调料

葱段、姜片各 15 克，八角 3 个，桂皮、香叶各少许，精盐 2 小匙，料酒 2 大匙，酱油 1 大匙，清汤适量。

制作步骤

1 把仔鸡去掉内脏和杂质，用清水洗净，剁去鸡爪（图①），手提仔鸡，用手勺浇淋热水在仔鸡的表面稍烫（图②）；用纱布包裹上葱段、姜片、八角、桂皮、香叶成香料包。

2 松茸洗净，切成大片（图③），放在碗内，加入少许清汤和料酒，上屉，用旺火蒸15分钟（图④），取出；油菜去根和老叶，洗净，放入沸水锅内，加入少许精盐焯烫一下，捞出，沥水，码放在盘内；锅置火上烧热，加入清水煮沸，放入仔鸡，加入精盐煮约10分钟（图⑤），捞出。

3 锅置火上烧热，加入清汤、香料包煮5分钟，加入精盐和酱油（图⑥），放入仔鸡和松茸片烧沸，用小火烧焖至入味，改用旺火收浓汤汁，出锅，把仔鸡和松茸片码放在盛有油菜的盘内即可。

快手热菜

 阖家团圆

原料

黄豆芽、韭菜、猪肉、胡萝卜各 100 克，粉条 50 克，鸡蛋 2 个。

调料

大葱 10 克，姜块 5 克，精盐 1 小匙，生抽 1 大匙，香油 2 小匙，植物油适量。

制作步骤

1 黄豆芽去根，洗净，沥净水分；胡萝卜去皮，切成丝（图①）；韭菜择洗干净，切成小段（图②）；猪肉洗净，切成细丝。

2 粉条放在容器内，倒入温水浸泡至软，沥净水分，长的切成两段；大葱择洗干净，切成葱花；姜块去皮，切成片。

3 把鸡蛋磕入碗内（图③），加入少许精盐搅拌均匀成鸡蛋液，倒入烧热的锅内摊成鸡蛋皮（图④），取出，切成条。

4 锅内加入植物油烧热，放入猪肉丝、葱花、姜片煸香，放入黄豆芽、精盐和生抽炒匀（图⑤），倒入水发粉条、韭菜段、胡萝卜丝和鸡蛋皮条（图⑥），淋上香油即成。

同甘共苦

原料

卷心菜 400 克,五花肉 100 克,小米椒 15 克。

调料

蒜瓣 10 克,精盐 1 小匙,生抽 1 大匙,料酒、酱油各 2 小匙,香油少许,植物油 4 小匙。

制作步骤

1　卷心菜剥去老皮,撕成大块（图①）;蒜瓣剥去外皮,用刀面压碎（图②）;小米椒洗净,去掉蒂,切成条。

2　五花肉洗净血污,擦净水分,切成2厘米宽、3厘米长的片,放入沸水锅内焯烫3分钟（图③）,捞出,沥水。

3　净锅置火上,加入植物油烧至五成热,加入五花肉片煸炒1分钟,倒入蒜瓣,加入小米椒条,用旺火炒出香辣味（图④）。

4　加入卷心菜块（图⑤）,用旺火炒2分钟,加入酱油、生抽,放入料酒和精盐快速炒匀（图⑥）,淋上香油,出锅装盘即成。

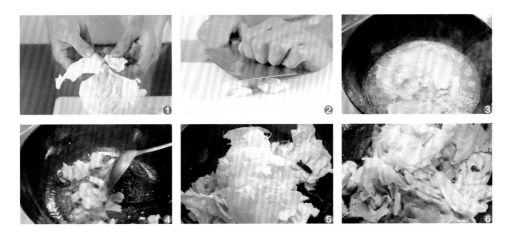

夏日情怀

原料

西芹………… 300 克

核桃………… 150 克

胡萝卜………… 75 克

调料

精盐………… 1 小匙

生抽………… 2 小匙

植物油……… 1 大匙

制作步骤

1 西芹去掉菜根，切成小段；胡萝卜去皮，切成菱形片；把西芹段、胡萝卜片放入沸水锅内焯烫一下，捞出，过凉，沥水。

2 核桃砸碎，剥出核桃仁，放在碗内，加入温水浸泡几分钟，取出，去膜，用纸巾吸去水分，放入热锅内炒出香味，取出。

3 净锅置火上，加入植物油烧至五成热，倒入西芹段和胡萝卜片稍炒，加入精盐和生抽调好口味，放入核桃仁炒匀，出锅装盘即可。

相思蚌肉

原料

丝瓜 300 克，河蚌肉 150 克，红椒条少许。

调料

精盐 1/2 小匙，味精、酱油各 1 小匙，葱姜汁 2 小匙，料酒 1 大匙，植物油 2 大匙。

制作步骤

1 河蚌肉用淡盐水浸泡并洗净，取出，用刀背将硬边处拍松，再切成小块；丝瓜洗净，去皮，切成滚刀块。

2 净锅置火上，加入植物油烧至六成热，下入河蚌肉煸炒一下，烹入料酒，加入葱姜汁、酱油炒匀，出锅。

3 锅内加入少许植物油烧热，下入丝瓜块煸炒片刻，倒入河蚌肉，加入红椒条、精盐、料酒、味精炒匀，出锅上桌即可。

 青春永驻

原料

荷兰豆……… 400 克
胡萝卜…………75 克

调料

蒜瓣……………50 克
精盐………… 1 小匙
料酒………… 2 小匙
白糖、香油… 各少许
植物油……… 2 大匙

制作步骤

1　蒜瓣剥去外皮，剁成末（图①）；胡萝卜削去外皮，切成小花片（图②）；荷兰豆洗净，撕去筋（图③）。

2　净锅置火上烧热，倒入清水，加入少许精盐和料酒烧沸，放入胡萝卜片焯烫一下，捞出，沥水；再把荷兰豆放入锅内焯烫片刻，（图④），捞出，沥水。

3　净锅复置火上，加入植物油烧热，加入蒜末煸炒出香味（图⑤），加入荷兰豆、胡萝卜片、精盐、料酒、白糖炒匀（图⑥），淋入香油，出锅装盘即可。

绝代双花

原料

菜花300克，猪五花肉100克，红尖椒、青尖椒各25克。

调料

蒜瓣15克，精盐、香油各1小匙，白糖、味精各少许，料酒、酱油、水淀粉、植物油各适量。

制作步骤

1 菜花洗净，去掉菜根，取菜花嫩瓣，切成小朵（图①），放入沸水锅内，加入少许精盐焯烫一下，捞出，沥水；红尖椒、青尖椒分别去蒂，去籽，切成椒圈；猪五花肉切成大片（图②）；蒜瓣去皮，切去两端。

2 净锅置火上烧热，加入植物油烧至六成热，放入五花肉片（图③），用中火煸炒至肉片变色、出油（图④），加入净蒜瓣，倒入菜花瓣炒匀。

3 放入料酒、精盐、白糖和酱油（图⑤），用旺火炒至入味，加入味精炒匀（图⑥），放入红尖椒圈、青尖椒圈翻炒均匀，用水淀粉勾芡，淋入香油，出锅上桌即可。

芦笋福干

原料

芦笋············ 250 克
豆腐干········ 150 克

调料

蒜瓣············· 10 克
精盐········· 1 小匙
味精········ 1/2 小匙
水淀粉········· 少许
鲜汤········· 2 大匙
植物油········· 适量

制作步骤

1 将芦笋去除老根，削去外皮，用清水洗净，沥净水分，切成5厘米长的小段；蒜瓣去皮，洗净，切成片。

2 将豆腐干切成长条，放入烧至七成热的油锅内冲炸一下，捞出豆腐干条，沥油。

3 锅内留少许底油，复置火上烧热，放入蒜片炝锅，下入芦笋段炒至断生，放入豆腐干条翻炒均匀，加入精盐、味精、鲜汤炒至入味，用水淀粉勾薄芡，出锅上桌即可。

长长久久

原料

鸡腿菇 250 克，火腿肠 100 克，荷兰豆、红椒各 30 克。

调料

葱末、姜末各 5 克，精盐、鸡精各 1 小匙，酱油、料酒、香油、水淀粉、植物油各适量。

制作步骤

1 鸡腿菇洗净，切成大片；荷兰豆去掉筋；火腿肠切成小块；红椒去蒂，切成块。

2 锅内加入植物油烧热，下入鸡腿菇片、火腿肠块、葱末、姜末炒出香味，加入料酒、精盐、酱油、鸡精及少许清水炒匀。

3 放入荷兰豆、红椒块，用旺火快速翻炒至入味，用水淀粉勾薄芡，淋入香油，出锅上桌即可。

古法玉树

原料

菜心 300 克，猪五花肉 100 克，洋葱 50 克，红尖椒 25 克。

调料

蒜瓣 50 克，精盐 1 小匙，蚝油、鸡汁各 2 小匙，酱油、料酒、白糖各少许，植物油 2 大匙。

制作步骤

1. 把菜心洗净，沥净水分，去掉菜根，放入清水锅内，加入少许精盐和植物油焯烫一下（图①），捞出，过凉，沥净水分；洋葱剥去外层老皮，切成小块；红尖椒去蒂，去籽，切成椒圈。

2. 蒜瓣剥去外皮（图②），放在案板上，用刀背轻轻拍松散（图③）；猪五花肉去皮（图④），切成小条（图⑤），加上酱油和料酒拌匀。

3. 净锅置火上，加入植物油烧至六成热，加入蒜瓣炒至变色（图⑥），放入五花肉条、洋葱块、红尖椒圈炒出香味，放入菜心，加入精盐、蚝油、鸡汁和白糖调好口味，出锅，码盘上桌即可。

避风塘藕盒

原料

莲藕 250 克，猪肉末 150 克，面包糠 100 克，鸡蛋 1 个。

调料

蒜末 75 克，姜末 5 克，香炸粉 100 克，精盐、香油各 1 小匙，料酒 1 大匙，植物油适量。

制作步骤

1 把蒜末放入油锅内炸至金黄，取出；猪肉末加入鸡蛋、姜末、精盐、料酒和香油拌匀成馅料；香炸粉加入少许清水调匀成浓糊。

2 莲藕去皮，切成连刀片，中间酿入馅料，放入香炸粉糊内拌匀，放入烧至六成热的油锅内，用中火炸至微黄，捞起；待锅内油温升高后，再放入藕盒炸至色泽金黄，捞出。

3 净锅置火上烧热，倒入炸蒜末，放入面包糠翻炒一下，待面包糠微微发黄时，倒入炸好的藕盒，快速翻炒均匀，装盘上桌即可。

玉树金钱

原料

芥蓝 250 克，小香菇 100 克，红椒 25 克。

调料

精盐 1 小匙，蚝油、白糖、鸡汁各 2 小匙，酱油 1 大匙，味精少许，植物油 2 大匙。

制作步骤

1. 小香菇去蒂，放入沸水锅内焯烫一下，捞出，沥水；红椒去蒂、去籽，切成小块。

2. 芥蓝洗净，沥净水分，去掉菜根，用刀背拍打一下，放入热油锅内稍炒，加入精盐和鸡汁炒匀，出锅，码放在盘内。

3. 锅置火上，加入植物油烧热，放入小香菇炒出香味，加入酱油、蚝油、白糖、味精和清水，用小火烧至入味，放入红椒块炒匀，出锅，放在盛有芥蓝的盘内即可。

满地金钱

原料

香菇·········· 300 克

调料

椒盐·········· 1 大匙
淀粉·········· 2 大匙
精盐············· 少许
花椒粉····· 1/2 小匙
植物油·········· 适量

制作步骤

1　香菇洗净，去掉菌蒂，放入淡盐水中浸泡几分钟，捞出香菇，沥净水分，顶刀切成厚片（图①），放入清水锅内，加上精盐焯烫2分钟（图②），捞出。

2　香菇片放在净布上吸干水分（图③），再把香菇放入大盘中，加上精盐和花椒粉拌匀。

3　把香菇撒上淀粉拌匀（图④），放入烧热的油锅内，用旺火炸至色泽黄亮（图⑤），捞出香菇片（图⑥），沥油。

4　净锅复置火上，加入少许植物油烧热，倒入炸好的香菇，撒上椒盐，快速翻炒均匀，装盘上桌即可。

🏵 如意笋肉

原料

猪五花肉 200 克，冬笋 100 克，杭椒、小米椒、香葱段各 25 克。

调料

姜块、蒜瓣各 10 克，精盐、香油、白糖各少许，酱油、料酒各 1 大匙，植物油 2 大匙。

制作步骤

1　猪五花肉切成大片（图①），加上少许精盐和料酒拌匀；杭椒洗净，去蒂，切成小段（图②）；小米椒去蒂，也切成小段。

2　姜块、蒜瓣去皮，切成片；冬笋洗净，切成大片（图③），放入沸水锅内，加上少许精盐焯烫一下，捞出，过凉，沥净水分。

3　锅内放入植物油烧热，放入五花肉片炒至变色（图④），加入蒜片、姜片炒出香味，烹入料酒，倒入小米椒段、杭椒段（图⑤）。

4　放入冬笋片和酱油炒匀（图⑥），加上白糖和精盐，淋上香油，撒上香葱段即可。

菠萝咕咾肉

原料

猪里脊肉 400 克, 净菠
萝肉 150 克, 熟芝麻
10 克, 鸡蛋 1 个。

调料

姜片 5 克, 精盐少许,
番茄酱、米醋、白糖、
生抽、淀粉、面粉、植
物油、香油各适量。

制作步骤

1 把猪里脊肉去掉筋膜, 切成大小均匀的小块
（图①）; 净菠萝肉切成小块（图②）, 放
在淡盐水中浸泡几分钟, 捞出, 沥水。

2 面粉、淀粉、鸡蛋、清水放在碗内拌匀成糊
（图③）; 精盐、番茄酱、米醋、白糖、生
抽、少许淀粉和清水放在碗内拌匀成味汁。

3 炒锅置火上, 倒入植物油烧热, 把猪肉块放
入糊内拌匀, 放入油锅内炸至色泽金黄, 捞
出（图④）, 沥油。

4 锅内留少许底油, 复置火上烧热, 放入姜片
炝锅, 倒入调制好的味汁烧沸, 用中火炒至
黏稠（图⑤）, 倒入猪肉块、菠萝块翻炒均
匀（图⑥）, 淋上香油, 撒上熟芝麻即可。

幸福团圆

原料

五花猪肉 400 克，鸡蛋 1 个。

调料

葱末、姜末各 5 克，精盐 1 小匙，味精、五香粉各少许，料酒 2 小匙，甜面酱、花椒盐、淀粉、植物油各适量。

制作步骤

1 五花猪肉剁成末，放入大碗中，磕入鸡蛋，加入葱末、姜末、料酒、甜面酱、精盐、味精、五香粉和淀粉，充分搅拌均匀成馅料。

2 净锅置火上，加入植物油烧至五成热，把馅料团成直径4厘米大小的丸子，放入油锅内冲炸一下，捞出丸子。

3 待锅内油温升至八成热时，再放入丸子复炸至色泽金黄、熟透，捞出丸子，码放在深盘内，带花椒盐一起上桌即可。

翠绿有财

原料

猪颈肉 250 克，芦笋 150 克，彩椒 75 克。

调料

精盐 1 小匙，酱油 2 小匙，料酒 1 大匙，淀粉 4 小匙，花椒油少许，植物油 2 大匙。

制作步骤

1 猪颈肉洗净，切成大片，加上少许料酒、酱油和淀粉拌匀，腌渍15分钟；彩椒去蒂，去籽，洗净，切成小块。

2 芦笋削去老皮，切成5厘米长的段，放入沸水锅内，加入少许精盐和植物油焯烫一下，捞出芦笋段，过凉，沥净水分。

3 锅内加入植物油烧热，放入猪颈肉片炒至变色，加入彩椒块、芦笋段、精盐、料酒和酱油炒匀，淋入花椒油，出锅装盘即可。

☲ 花样年华

原料

猪里脊肉 250 克，胡萝卜、黄瓜各 75 克，木耳 5 克。

调料

姜块、蒜瓣各 5 克，精盐 1 小匙，料酒、白糖、生抽、水淀粉各 2 小匙，植物油适量。

制作步骤

1 猪里脊肉切成大片（图①），放入碗内，加入少许精盐和料酒拌匀；黄瓜洗净，削去外皮，切成菱形片（图②）；胡萝卜去根，削去外皮，也切成菱形片（图③）。

2 木耳放入容器内，加入适量温水浸泡至涨发，取出，去掉菌蒂，撕成小块；姜块去皮，切成小片；蒜瓣去皮，剁成末。

3 锅内加入植物油烧热，放入姜片、蒜末和猪肉片炒至变色（图④），加入黄瓜片、胡萝卜片、水发木耳块（图⑤），放入白糖、精盐、生抽炒匀，用水淀粉勾芡（图⑥），出锅装盘即可。

1

2

3

4

5

6

椒香里脊

原料

猪里脊肉 400 克，鸡蛋 1 个。

调料

精盐 1 小匙，料酒 1 大匙，淀粉、面粉各 2 大匙，植物油适量，番茄酱、椒盐各 1 小碟。

制作步骤

1　猪里脊肉切成厚片（图①），用刀背轻轻拍松散，再切成小条（图②），放在碗内，加入精盐、料酒和少许淀粉拌匀（图③）。

2　大碗内先放入面粉和淀粉拌匀，磕入鸡蛋（图④），加入适量的清水搅拌均匀成浓糊（图⑤），放入猪肉条搅拌均匀。

3　净锅置火上，倒入植物油烧热，放入肉条炸至浅黄色（图⑥），捞出；待锅内油温升高后，再放入肉条炸至色泽金黄，捞出，码放在盘内，带番茄酱、椒盐一起上桌即可。

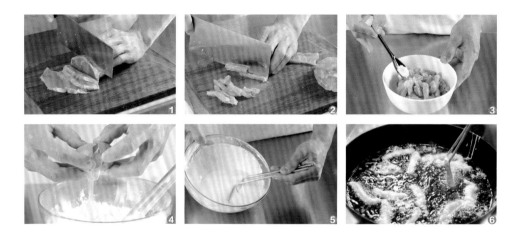

☯ 四季平安

原料

猪里脊肉200克,杏鲍菇、香菇、茶树菇各50克,青椒、红椒各25克。

调料

精盐、白糖、鸡汁、香油各1小匙,蚝油、酱油各2小匙,料酒、淀粉各1大匙,植物油适量。

制作步骤

1. 猪里脊肉切成小条,加入少许精盐、料酒和淀粉拌匀,上浆,放入油锅内滑散至熟,捞出;青椒、红椒去蒂,去籽,切成小条。

2. 杏鲍菇、香菇去蒂,切成小条;茶树菇择洗干净,放入沸水锅内,加入杏鲍菇条和香菇条,一起焯烫一下,捞出,沥水。

3. 净锅置火上,加入植物油烧热,放入蚝油、鸡汁、精盐、酱油、白糖烧沸,倒入猪肉条、杏鲍菇条、茶树菇和香菇条炒至入味,撒上青椒条和红椒条,淋入香油即可。

吉庆满堂

原料

猪里脊肉300克,青椒、红椒各15克,鸡蛋1个。

调料

葱花、姜末各5克,精盐、味精、鸡精、香油各1/2小匙,酱油、淀粉各1大匙,白糖、米醋、料酒各1/2大匙,鲜汤、植物油各适量。

制作步骤

1 青椒、红椒洗净,切成小条;猪里脊肉切成小段,放入大碗中,磕入鸡蛋,加入淀粉、精盐、鸡精拌匀,下入烧至七成热的油锅内炸至色泽金黄,捞出,沥油。

2 把鲜汤、酱油、米醋、白糖、味精、淀粉放入小碗内,调拌均匀成味汁。

3 锅内加入少许植物油烧热,下入葱花、姜末炝锅,烹入料酒,放入青椒条、红椒条略炒,倒入炸好的猪肉段,烹入味汁翻炒均匀,淋入香油,出锅装盘即可。

和气生财

原料

猪里脊肉 400 克，香葱花 10 克，枸杞子少许，鸡蛋 2 个。

调料

大葱、蒜瓣各 5 克，精盐 1 小匙，米醋 4 小匙，水淀粉、淀粉、生抽、白糖、植物油各适量。

制作步骤

1　猪里脊肉切成大片（图①），放在碗中，加入少许精盐、淀粉和植物油拌匀（图②）；大葱切成葱花；蒜瓣去皮，剁成蒜末。

2　净锅置火上，放入植物油烧至六成热，倒入猪肉片，用筷子迅速拨散，待猪肉片变色时，捞出，沥油（图③）。

3　鸡蛋磕入大碗中，加上少许精盐，搅打均匀成鸡蛋液，倒入烧热的油锅内（图④），用旺火炒至熟嫩，取出。

4　锅内加上植物油烧热，放入葱花、蒜末、精盐、白糖、米醋、生抽和猪肉片翻炒均匀（图⑤），加入熟鸡蛋炒匀（图⑥），用水淀粉勾芡，撒上枸杞子和香葱花即可。

牛市飘红

原料

牛里脊肉 300 克, 芹菜 100 克, 杭椒 50 克, 小米椒 15 克。

调料

蒜末 15 克, 嫩肉粉少许, 精盐、老抽、蚝油、生抽、料酒、植物油各适量。

制作步骤

1 牛里脊肉洗净, 切成大小均匀的片, 放在大碗内, 加入嫩肉粉、少许老抽、蚝油、料酒拌匀 (图①), 腌渍10分钟。

2 芹菜去掉菜叶和菜根, 取芹菜嫩茎, 切成3厘米长的小段 (图②); 杭椒去蒂, 切成丁; 小米椒去蒂, 也切成丁 (图③)。

3 净锅置火上, 加入植物油烧至五成热, 加入腌渍好的牛肉片 (图④), 用旺火煸炒至断生, 捞出, 沥油。

4 锅内留少许底油烧热, 加入蒜末、小米椒丁煸炒出香味 (图⑤), 放入牛肉片、芹菜段、杭椒丁炒匀, 加入精盐、生抽、蚝油和老抽调好口味, 装盘上桌即成 (图⑥)。

步步高升

原料

牛里脊肉 350 克，杭椒 200 克，鸡蛋 1 个。

调料

精盐、味精各 1/2 小匙，鸡精少许，料酒 2 大匙，淀粉 1 大匙，嫩肉粉、水淀粉、香油各 1 小匙，植物油适量。

制作步骤

1 牛里脊肉切成小条，放入碗中，磕入鸡蛋，加入味精、鸡精、料酒、嫩肉粉和淀粉拌匀，腌渍15分钟；杭椒洗净，切去两端。

2 锅置火上，加入植物油烧至六成热，下入牛肉条滑散至变色，捞出，沥油；油锅内再放入杭椒冲炸一下，捞出。

3 锅内留少许底油烧热，放入杭椒和牛肉条，烹入料酒，加入精盐、味精、鸡精炒匀，用水淀粉勾薄芡，淋入香油，出锅装盘即可。

紫苏牛柳

原料

牛里脊肉 400 克，紫苏叶 50 克，熟芝麻、香葱花各少许。

调料

姜末、野山椒碎、蒜片各 5 克，精盐、蚝油、鸡汁各少许，料酒、酱油、白糖、淀粉、水淀粉、香油、植物油各适量。

制作步骤

1 将牛里脊肉切成薄片，加入姜末、精盐、酱油、料酒、白糖、淀粉拌匀，腌渍1小时；紫苏叶择洗干净。

2 净锅置火上，加入植物油烧至六成热，加入野山椒碎和蒜片炝锅出香味，倒入腌渍好的牛里脊肉片炒至变色。

3 烹入料酒，加入精盐、鸡汁、蚝油、酱油、白糖炒至熟香，用水淀粉勾芡，淋入香油，撒上香葱花和熟芝麻，出锅，码放在盘内，带紫苏叶一起上桌卷食。

喜气洋洋

原料

羊肉1块，大葱100克。

调料

蒜片10克，姜块5克，精盐1小匙，老抽、生抽各2小匙，料酒1大匙，白糖、水淀粉各少许，植物油2大匙。

制作步骤

1 羊肉剔去筋膜，洗净血污，切成大小均匀的薄片（图①），放入大碗中，放入精盐、少许料酒和生抽拌匀，腌渍5分钟（图②）。

2 大葱洗净，去根和老叶，取葱白，切成段（图③）；姜块去皮，切成小片；把少许葱白段放入热油锅内炸出香味，去掉葱白段，出锅，倒在小碗内成葱油。

3 炒锅置火上，倒入植物油烧至六成热，放入姜片和腌拌好的羊肉片煸炒至变色，再放入蒜片翻炒一下（图④），烹入料酒。

4 加入葱白段（图⑤），用旺火翻炒均匀，加入生抽、老抽、白糖调好口味（图⑥），用水淀粉勾薄芡，淋上葱油，装盘上桌即成。

双宝凤排

原料

鸡胸肉 400 克，面包糠 150 克，花生米、瓜子仁各 30 克，鸡蛋 1 个。

调料

番茄酱 1 小碟，精盐少许，淀粉 2 大匙，植物油适量。

制作步骤

1. 鸡胸肉去掉筋膜，从中间片开成厚0.5厘米的大片（图①），用刀背轻轻剁一下；花生米去皮，碾压成碎粒（图②）。

2. 把鸡肉片放在容器内，磕入鸡蛋，加入精盐和淀粉搅拌均匀（图③），再加入瓜子仁和花生碎拌匀，腌渍10分钟。

3. 取一个大盘子，撒上一层面包糠，将一片鸡胸肉放在上面，再撒上少许面包糠，轻轻按压成双宝凤排生坯（图④）。

4. 锅置火上，倒入植物油烧至五成热，加入双宝凤排生坯（图⑤），用中火炸至熟香，捞出，切成1厘米粗细的条（图⑥），码放在盘内，带番茄酱蘸食即成。

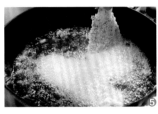

丹凤朝阳

原料

鸡胸肉 250 克，春卷皮 7 张，芒果 100 克，洋葱 50 克。

调料

精盐少许，白糖、香草粉各 1 小匙，面粉 2 大匙，植物油适量。

制作步骤

1 芒果去皮、去核，取净芒果果肉，切成小粒；洋葱剥去老皮，洗净，切成碎末；面粉放入碗中，加入少许清水拌匀成面糊。

2 鸡胸肉洗净，剁成鸡肉蓉，放入容器中，加入洋葱末、芒果粒、香草粉、白糖、精盐搅拌均匀，制成馅料。

3 将拌好的馅料放在春卷皮上，卷成卷，抹上面糊封口，下入烧热的油锅内炸至色泽金黄，捞出，沥油，装盘上桌即可。

凤凰迎春

原料

净仔鸡 500 克，土豆 200 克。

调料

干红辣椒 40 克，姜末、蒜片、花椒、精盐、香油各少许，鸡精、白醋、水淀粉各 1 小匙，酱油 2 大匙，白糖、蚝油各 1 大匙，植物油适量。

制作步骤

1. 净仔鸡剁成大块，加入酱油、精盐、香油、白糖、鸡精、白醋拌匀，腌渍15分钟，放入烧热的油锅中炸至色泽金黄，捞出，沥油。

2. 干红辣椒去蒂，切成段；土豆去皮，切成滚刀块，放入热油锅内冲炸一下，捞出，沥油。

3. 锅内留少许底油烧热，下入姜末、蒜片、花椒、干红辣椒段炝锅，放入仔鸡块、土豆块、酱油、蚝油和清水煮沸，转中火烧焖至熟香，用水淀粉勾芡，出锅上桌即可。

飞黄腾达

原料

净鸡腿 400 克，苦瓜 200 克，红尖椒少许。

调料

葱花 10 克，姜块、蒜瓣各 5 克，咖喱膏 3 块，精盐、白糖各 1 小匙，水淀粉、料酒、植物油各适量。

制作步骤

1. 净鸡腿剁成大小均匀的块（图①），加入少许精盐和料酒拌匀，倒入冷水锅内，烧沸后撇去浮沫（图②），捞出鸡腿块，沥水。

2. 苦瓜去蒂，顺长切成两半，去掉苦瓜瓤，再切成厚片（图③）；姜块、蒜瓣去皮，均切成片；红尖椒清洗干净，切成细丝。

3. 锅置火上，放入植物油烧至六成热，放入葱花、蒜片、姜片炝锅，放入鸡腿块翻炒均匀（图④），烹入料酒，加入清水焖20分钟。

4. 放入苦瓜片，加入咖喱膏（图⑤），放入精盐和白糖炒匀，用水淀粉勾芡，出锅，码放在深盘内（图⑥），撒上红尖椒丝即成。

①

②

③

④

⑤

⑥

☲ 红红火火

原料

鸭腿 400 克, 洋葱、青尖椒各 1 个, 香菜少许。

调料

大葱、蒜瓣、姜片各 10 克, 干红辣椒 20 克, 精盐少许, 豆瓣酱 2 大匙, 蚝油、生抽、白糖、植物油各适量。

制作步骤

1 鸭腿剁成大小均匀的块 (图①), 放入冷水锅内 (图②), 加入精盐焯烫3分钟, 捞出鸭腿块, 换清水漂洗干净, 沥净水分。

2 香菜洗净, 切成段; 大葱去根和老叶, 切成葱花; 洋葱切成细丝, 放在干锅内垫底; 干红辣椒去蒂; 青尖椒去蒂, 切成小块。

3 锅内加入植物油烧热, 放入葱花、姜片炝锅 (图③), 放入豆瓣酱和蒜瓣炒香, 放入干红辣椒炒出红油 (图④)。

4 放入鸭腿块炒匀 (图⑤), 撒上青尖椒块, 加入白糖、生抽和蚝油 (图⑥), 出锅, 倒在盛有洋葱丝的干锅内, 撒上香菜段即成。

春意盎然

原料

鸭腿1个，净菠萝果肉150克，红椒、黄椒各25克。

调料

姜块10克,精盐1小匙,白糖、生抽、料酒、水淀粉、植物油各适量。

制作步骤

1 净菠萝果肉用淡盐水浸泡并洗净，捞出，沥水，切成滚刀块（图①）；姜块去皮，切成片；红椒、黄椒分别去蒂，切成小块。

2 鸭腿洗净，剁成大小均匀的块（图②），放入清水锅内（图③），用旺火焯烫3分钟，捞出鸭腿块，换清水洗净，沥净水分。

3 净锅置火上，加入植物油烧至六成热，加入姜片炝锅，倒入鸭腿块（图④），用旺火翻炒几分钟，烹入料酒，加入清水（图⑤）。

4 放入生抽、白糖和精盐，用小火烧至鸭腿块熟香，倒入菠萝块（图⑥），撒上红椒块和黄椒块，用水淀粉勾芡，出锅上桌即可。

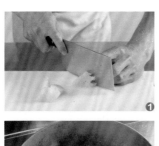

锦绣蒸蛋

原料

鸡蛋 4 个，虾仁、鲜贝、火腿各 20 克，青椒丁、红椒丁各 15 克。

调料

葱末、姜末各 5 克，精盐、味精、鸡精、白糖、胡椒粉、水淀粉、香油、植物油各适量。

制作步骤

1 虾仁去除虾线，洗净；鲜贝洗净，切成丁；火腿刷洗干净，也切成丁；白糖、精盐、味精、鸡精、胡椒粉调匀成味汁。

2 鸡蛋磕入碗中搅散，加入少许清水拌匀成鸡蛋液，倒入深盘中，放入蒸锅内蒸5分钟，揭开蒸锅盖，继续蒸2分钟，取出。

3 锅内加入植物油烧至热，下入葱末、姜末炝锅，放入虾仁、鲜贝丁、火腿丁、青椒丁、红椒丁炒匀，倒入味汁煮沸，用水淀粉勾芡，淋入香油，浇在蒸好的鸡蛋上即可。

☉ 出类拔萃

原料

象拔蚌肉 200 克，杏鲍菇 150 克，杭椒、泰椒各少许。

调料

葱段、姜片、麻椒各 10 克，精盐、鸡精各 1 小匙，蚝油、酱油各 1 大匙，白糖少许，水淀粉、植物油各适量。

制作步骤

1. 象拔蚌肉放入沸水锅内焯烫一下，捞出，沥水；杭椒、泰椒分别切成小条；杏鲍菇切成条，放入油锅内炸至呈浅黄色，捞出。

2. 锅内留少许底油，复置火上烧热，下入葱段、姜片炝锅，放入杭椒条、泰椒条、麻椒炒出香辣味。

3. 加入蚝油、酱油、精盐、鸡精、白糖烧沸，放入象拔蚌肉、杏鲍菇条炒匀，用水淀粉勾芡，出锅装盘即可。

富贵开屏鱼

原料

武昌鱼 1 条,红尖椒 1 个,香葱花 5 克。

调料

大葱 25 克,姜块 15 克,精盐 1 小匙,料酒 1 大匙,蒸鱼豉油 2 大匙,植物油适量。

制作步骤

1　大葱切成段(图①);红尖椒洗净,取一半切成丝,另一半切成小粒(图②);姜块去皮,取一半切成丝;另一半切成姜片。

2　武昌鱼刮净鱼鳞,去掉内脏、鱼鳃,剪掉鱼鳍,切下鱼头(图③),擦净水分,从鱼背部下刀(鱼肚位置不要切断),依次切成厚约1厘米的鱼块(图④),摆放在盘内。

3　把姜片、葱段放在武昌鱼上,加入料酒和精盐(图⑤),放入蒸锅内,用旺火蒸至熟。

4　出锅,去掉葱姜,放入红椒丝、红椒粒、姜丝、香葱花,淋入蒸鱼豉油(图⑥),再淋上烧至九成热的植物油烫出香味即可。

如花似玉

原料

净鱼肉 400 克，红尖椒 25 克，香葱 15 克。

调料

葱段、姜片各 15 克，精盐 1 小匙，白糖、料酒各 2 大匙，香油少许，鸡汤、植物油各适量。

制作步骤

1 红尖椒去蒂、去籽，洗净，切成细条；香葱洗净，切成小段。

2 把净鱼肉切成长条，放在容器内，加入葱段、姜片、精盐、料酒拌匀，腌渍30分钟，再下入热油锅内炸至熟，捞出，沥油。

3 锅中留少许底油烧热，放入白糖、精盐、料酒、鸡汤烧沸，下入鱼肉条烧煨几分钟，待汤汁浓稠时，加入香葱段、红尖椒条炒匀，淋入香油，出锅上桌即可。

才貌双全

原料

净鱼肉……… 300 克

荷兰豆……… 150 克

鸡蛋清………… 2 个

调料

姜汁………… 2 小匙

精盐………… 1 小匙

白糖………… 少许

植物油……… 3 大匙

制作步骤

1 净鱼肉剁成细蓉，加入鸡蛋清、姜汁、精盐和白糖，顺时针搅拌均匀至鱼蓉起胶。

2 荷兰豆洗净，撕去豆筋，切去两端，放入沸水锅内，加入少许精盐、植物油焯烫至熟，捞出，沥水，码放在盘内垫底。

3 净锅置火上，加入植物油烧至六成热，把鱼蓉捏成鱼丸，放入油锅内，再用锅铲把鱼丸轻轻压扁成鱼饼，用中火煎至色泽黄亮，取出，沥油，码放在荷兰豆上即可。

年年高升

原料

河蟹 400 克，年糕条 100 克，香葱花 10 克。

调料

大葱、姜块各 5 克，精盐 1 小匙，排骨酱、海鲜酱油、蚝油、料酒各大小匙，白糖少许，面粉、植物油各适量。

制作步骤

1 河蟹刷洗干净，剁成两半，去除蟹胃、蟹肠、蟹腮等不可食部分；大葱洗净，切成小段；姜块去皮，切成片。

2 净锅置火上，加入植物油烧至六成热，把河蟹块蘸上面粉，放入油锅内煎至色泽金黄，烹入料酒，加入葱段、姜片煸炒一下。

3 加入精盐、排骨酱、海鲜酱油、蚝油、白糖和适量清水烧沸，用中火烧5分钟，倒入年糕条翻炒均匀，撒上香葱花即可。

一帆风顺

原料

海蟹 500 克。

调料

花椒、葱末、姜末、蒜末各 5 克，精盐、豆豉 1 小匙，鸡精 1/2 小匙，料酒 2 小匙，淀粉 3 大匙，植物油适量。

制作步骤

1 海蟹揭开外壳，去掉蟹腮等，剁成大块，加入精盐、葱末、姜末、料酒拌匀，腌渍 5 分钟，然后用淀粉拍匀海蟹块切口处。

2 净锅置火上，加入植物油烧至六成热，放入海蟹块和海蟹盖冲炸一下，捞出，沥油。

3 锅中留少许底油，复置火上烧热，下入花椒、葱末、姜末、蒜末和豆豉炒香，放入海蟹块炒匀，加入料酒、精盐、鸡精调好口味，出锅，码放在盘内，盖上海蟹盖即可。

富贵满堂

原料

大虾 400 克，面包糠 150 克，鸡蛋 1 个。

调料

精盐 1 小匙，胡椒粉少许，料酒 1 大匙，淀粉 2 大匙，植物油适量。

制作步骤

1 大虾去除虾头，剥去虾壳（图①）（但保留虾的尾部），把大虾的腹部剖开但不切断（图②），去掉虾线，放在容器内，加入料酒、胡椒粉和精盐拌匀，腌渍10分钟。

2 容器内放入淀粉，磕入鸡蛋（图③），加入适量的清水，用筷子搅拌均匀成鸡蛋糊。

3 把大虾放入鸡蛋糊内拌匀（图④），再放入面包糠中蘸满面包糠（图⑤）。

4 炒锅置火上，倒入植物油烧热，将蘸满面包糠的大虾放入油锅内，用中火炸至色泽金黄，捞出，沥油（图⑥），装盘上桌即可。

🎎 锦绣前程

原料

大虾 400 克。

调料

葱末 10 克，姜末 5 克，精盐、白糖、料酒各 1 大匙，鸡精 1/2 小匙，番茄酱 2 大匙，植物油适量。

制作步骤

1 大虾剥去虾头，去掉虾壳，去除虾线，用洁布包裹，轻轻攥净水分，加入少许精盐拌匀，放入烧热的油锅内炸至熟，捞出。

2 锅内留少许底油，复置火上烧热，下入葱末、姜末炝锅，放入番茄酱炒匀。

3 加入少许清水，放入精盐、鸡精、白糖、料酒炒至浓稠，倒入大虾烧焖2分钟，改用旺火收浓汤汁，装盘上桌即可。

☉ 幸福美满

原料

三文鱼肉 200 克，青椒丁、红椒丁各 30 克。

调料

葱花 5 克，精盐 1 小匙，味精、白糖、胡椒粉、香油各 1/2 小匙，花椒盐、料酒、淀粉、植物油各适量。

制作步骤

1 三文鱼肉切成 2 厘米见方的块，拍匀一层淀粉，下入烧至七成热的油锅内炸至色泽金黄，捞出，沥油。

2 锅中留少许底油烧热，下入青椒丁、红椒丁、葱花炒香，放入三文鱼肉块翻炒均匀。

3 烹入料酒，加入精盐、味精、白糖、胡椒粉调好口味，淋入香油，出锅，装盘，带花椒盐上桌蘸食即可。

主食饮品

香葱油饼

原料

面粉………… 300 克
香葱…………50 克

调料

精盐………… 1 小匙
味精………… 少许
植物油………… 适量

制作步骤

1 面粉倒入容器内，加入少许热水，用筷子搅拌成絮状，再加入冷水，揉搓成面团。

2 香葱去根和老叶，切成香葱花，放在大碗内，淋入烧至九成热的植物油烫出香味，加入味精拌匀，凉凉成葱油。

3 面团分成小面剂，擀成大片，抹上葱油，撒上少许精盐，卷起成卷，用手掌按压，再擀成薄饼，放入烧热的锅内，用小火煎烙至两面熟香，取出，抖散，码盘上桌即可。

火腿卷

原料

面粉…………300 克
火腿肉…………75 克
发酵粉…………少许
鸡蛋……………1 个

调料

白糖…………1 大匙

制作步骤

1 火腿肉切成小条；面粉放在盆内，磕入鸡蛋，加入白糖、发酵粉和适量的清水调匀，再揉搓均匀成面团，稍饧20分钟。

2 把面团揉搓均匀，分成小份，分别搓成长细条，用1个细条环绕在火腿肉条上，制成1份火腿卷生坯。

3 把火腿卷生坯放入蒸锅内，用旺火，沸水蒸10分钟至熟，出锅上桌即可。

✿ 玫瑰喜饼

原料

面粉 400 克，黄油 25 克，发酵粉少许，鸡蛋 1 个。

调料

玫瑰酱 2 大匙，牛奶 4 大匙，白糖 1 大匙，植物油少许。

制作步骤

1. 把面粉放入盆内，磕入鸡蛋，加入发酵粉、黄油拌匀，再放入白糖和牛奶，反复揉搓均匀成面团，饧发1小时。

2. 把发酵面团分成小面剂，擀成长方形面片，均匀地刷上植物油，涂抹上玫瑰酱，顺长卷成卷，轻轻按压成玫瑰喜饼生坯。

3. 把玫瑰喜饼生坯放在刷油的烤盘上，放入预热的烤箱内，用中温烤约20分钟至色泽金黄、熟香，取出，装盘上桌即可。

鹅卵石烤馍

原料

低筋面粉…… 400 克
黄油…………25 克
发酵粉…………少许
鸡蛋……………1 个

调料

牛奶……… 150 毫升
奶粉………… 1 大匙
白糖………… 2 大匙

制作步骤

 把低筋面粉放入容器内，磕入鸡蛋，加入牛奶、白糖、黄油、奶粉和发酵粉，揉搓均匀成面团，盖上湿布，饧1小时。

2 将发酵面团取出，反复揉搓成光滑的面团，擀成长条，揪成鸡蛋大小的面剂，再揉成圆形的小面团，继续饧30分钟成烤馍生坯。

3 将洗净的鹅卵石放入烤箱内烤20分钟，取出，用一部分鹅卵石铺在烤盘底部，把烤馍生坯摆在上面，把剩余的热鹅卵石放在上面，再把烤盘放入烤箱内烘烤15分钟即可。

相思红豆饼

原料

面粉………… 400 克

红豆沙……… 150 克

发酵粉………… 少许

调料

白糖………… 2 大匙

植物油………… 适量

制作步骤

1 把面粉放入容器内，加入发酵粉、白糖、植物油和适量的清水拌匀，揉搓成光滑的面团，静置20分钟；把红豆沙搓成圆球。

2 把面团擀成长条，下成每个重40克的面剂，再把面剂压扁，中间放上一个红豆沙球，把面剂收口，轻轻按压成圆饼成红豆饼生坯。

3 平底锅置火上烧热，刷上植物油，放入红豆饼生坯，用中火煎至呈浅黄色，翻面，继续煎至两面金黄色，取出，装盘上桌即可。

阖家团圆饭

原料

大米饭 400 克，腊肉 75克,西蓝花、豌豆粒、胡萝卜各 50 克，香葱花 15 克，鸡蛋 1 个。

调料

精盐 1 小匙，鸡精、酱油、胡椒粉各 1/2 小匙，植物油 2 大匙。

制作步骤

1 胡萝卜去皮，洗净，切成粒；腊肉洗净，切成丁；西蓝花取净花瓣，洗净，切成丁；鸡蛋磕在碗内，打散成鸡蛋液。

2 净锅置火上，加入植物油烧热，放入腊肉丁炒出香味，加入西蓝花丁、胡萝卜粒、豌豆粒炒至熟，加入精盐、酱油炒匀。

3 放入鸡精、胡椒粉，倒入大米饭翻炒均匀，淋入鸡蛋液炒至熟，再用旺火翻炒片刻，撒上香葱花，出锅上桌即可。

皆大欢喜

原料

大米饭 400 克,培根片、胡萝卜、玉米粒、豌豆粒、香葱花各 25 克。

调料

精盐 1 小匙,料酒 1 大匙,胡椒粉、香油各少许,植物油 2 大匙。

制作步骤

1 培根片顺长先切成条,再切成 1 厘米大小的丁(图①);胡萝卜削去外皮,先切成长条,再切成 1 厘米大小的丁(图②)。

2 净锅置火上,放入清水、少许精盐和料酒烧沸,倒入培根丁、胡萝卜丁、玉米粒、豌豆粒焯烫一下,捞出,沥水(图③)。

3 净锅置火上,放入植物油烧至七成热,倒入大米饭,用旺火快速翻炒均匀。

4 加入精盐、胡椒粉炒匀,加入培根丁、胡萝卜丁、玉米粒和豌豆粒(图④),继续用旺火炒至熟香入味,撒上香葱花(图⑤),淋上香油,装盘上桌即成(图⑥)。

187

 # 冠顶鱼饺

原料

面粉 500 克，净鱼肉 350 克，韭菜碎 150 克，鸡蛋 1 个。

调料

姜末 25 克，精盐 1/2 小匙，味精、十三香、胡椒粉各少许，料酒 1 小匙，香油 1 大匙。

制作步骤

1　净鱼肉剁成蓉，放入容器内，加入姜末、精盐、味精、十三香、胡椒粉、料酒和香油搅匀，再放入韭菜碎拌匀成馅料。

2　面粉放入容器内，磕入鸡蛋，加入适量的温水，揉搓均匀成面团，盖上湿布，饧透，揪成面剂，擀成圆皮，折三角形，翻过来。

3　中间放入馅料，将三个角捏拢成立体三角形，再把边捏紧，在三个边上推出裙边，最后把折起的三角向外翻出成冠顶鱼饺生坯，放入蒸锅内，用旺火蒸15分钟至熟即可。

 # 状元蒸饺

原料

荞麦粉 250 克，面粉 200 克，猪肉末、山野菜各 150 克,鸡蛋 1 个。

调料

葱末、姜末各 10 克，甜面酱 2 大匙，胡椒粉少许，酱油、料酒、香油各适量。

制作步骤

1. 山野菜洗净，放入沸水锅内稍烫，捞出，过凉，切碎；猪肉末加入甜面酱、酱油、胡椒粉和香油调匀，磕入鸡蛋，放入葱末、姜末、料酒和山野菜碎拌匀成馅料。

2. 荞麦粉、面粉放在容器内，加入适量的温水，揉搓均匀成面团，分成小面剂，擀成面皮，包入少许馅料成蒸饺生坯。

3. 把蒸饺生坯放在笼屉上，放入蒸锅内，用旺火、沸水蒸8分钟至熟，直接上桌即可。

祥和玉米饼

原料

玉米粉 250 克，面粉 125 克，酸菜 200 克，猪肉末 100 克，发酵粉少许。

调料

葱末 10 克，精盐 1 小匙，十三香、八角粉各 1/2 小匙，酱油 1 大匙，香油 2 小匙，植物油适量。

制作步骤

1. 酸菜攥净水分，切碎；猪肉末放在大碗内，加入葱末、精盐、十三香、八角粉、酱油和香油拌匀，再放入酸菜碎拌匀成馅料。

2. 将玉米粉、面粉、发酵粉放入盆中，加入适量的温水搅拌并揉搓均匀成面团，盖上湿布，饧发 1 小时。

3. 发酵面团搓成长条，切成小面剂，压扁，放入少许馅料，封口后压成圆饼状，放入烧热的油锅内煎烙至色泽金黄、熟香即可。

玉米松糕

原料

玉米粉 400 克，面粉 100 克，鸡蛋 2 个，发酵粉少许。

调料

牛奶 125 克，白糖 2 大匙，植物油少许。

制作步骤

1. 面粉、玉米粉放入容器内，加入发酵粉，磕入鸡蛋，再加入牛奶、白糖和清水搅拌均匀成玉米浓糊，盖上湿布，饧发30分钟。

2. 取长方形模具一个，刷上一层植物油，倒入搅拌好的玉米浓糊并抹平，盖上模具盖，静置20分钟。

3. 把长方形模具放入蒸锅内，用旺火蒸20分钟至熟成松糕，取出，切成大块（或厚片），装盘上桌即可。

黄金南瓜饼

原料

南瓜 400 克，面包糠 200 克，面粉、淀粉各 150 克。

调料

奶油 100 克，白糖 2 大匙，植物油适量。

制作步骤

1 南瓜削去外皮，去掉南瓜瓤（图①），洗净，切成大片，放在容器中，放入蒸锅内（图②），用旺火蒸至熟，取出，凉凉，搅拌均匀成南瓜蓉（图③）。

2 将面粉、淀粉放在容器内，加上白糖、奶油和清水拌匀，倒入南瓜蓉搅拌均匀成面团，放在案板上揉搓均匀（图④），制成每个重25克的面剂，压成直径6厘米大小的圆饼。

3 将圆饼生坯放在大盘上，撒上面包糠并轻轻按压均匀成南瓜饼生坯（图⑤），放入烧至五成热的油锅内炸至色泽金黄（图⑥），捞出，沥油，码盘上桌即可。

雪媚娘

原料

糯米粉…………300 克
玉米淀粉……… 50 克
淡奶油…………100 克
糕粉………………少许
时令水果…………适量

调料

牛奶……………250 克
白糖…………… 60 克
橄榄油………… 1 大匙

制作步骤

1 牛奶、白糖放在容器内，倒入糯米粉、玉米淀粉，搅拌均匀成粉糊，放入蒸锅内蒸10分钟，取出成粉团，趁热加入橄榄油。

2 把粉团揉搓均匀，放入冰箱内冷藏30分钟，取出，分成小份，压成圆形，中间放入打发的淡奶油和时令水果，包好成雪媚娘。

3 把雪媚娘放入冰箱内冷冻2小时，食用时取出，撒上糕粉即可。

 天使

原料

低筋面粉…… 200 克

蓝莓酱………… 75 克

鸡蛋清………… 5 个

椰蓉…………… 50 克

调料

白糖………… 100 克

植物油………… 少许

制作步骤

1 把低筋面粉过细筛，放入容器内，加入鸡蛋清、白糖和少许温水搅拌均匀，再加入植物油拌匀成粉糊。

2 把粉糊倒入糕盘内并抹平，盖上保鲜纸，放入蒸锅内，用旺火蒸12分钟至熟，取出粉团。

3 将熟粉团揉匀，擀成厚片，涂抹上一层蓝莓酱，从一侧卷起成卷，撒上椰蓉，切成小块，装盘上桌即可。

巴伐利亚慕斯

原料

蛋糕坯片 1 个，淡奶油 400 克，牛奶 100 克，奶粉 80 克，鸡蛋黄 3 个，鱼胶 20 克，时令水果适量。

调料

白糖 150 克。

制作步骤

1 不锈钢平底锅中加入鸡蛋黄、白糖搅拌均匀，再倒入烧沸的牛奶调匀，置电磁炉上加热至85℃，加入奶粉搅拌至全部溶化，降温至40℃，加入溶化的鱼胶拌匀，最后放入打发的淡奶油搅匀成慕斯料。

2 取1个8寸蛋糕圈模具，放入蛋糕坯片，灌入慕斯料并抹平，放入冰箱中冷藏2小时，食用时取出，切成小块，码放在盘内，用时令水果点缀即成。

☉ 原味松饼

原料

低筋面粉……… 1000 克

高筋面粉……… 750 克

黄油…………… 700 克

鸡蛋…………… 12 个

泡打粉………… 30 克

牛奶…………… 650 克

调料

木糖醇………… 500 克

制作步骤

1 将黄油加热至溶化，放入搅拌器内，用慢速搅打10分钟，再慢慢加入木糖醇，改用高速搅打5分钟，逐个磕入鸡蛋，继续搅拌至完全混合。

2 加入过细筛的高筋面粉、低筋面粉和泡打粉调匀，加入牛奶，搅拌均匀成松饼糊。

3 取松饼纸杯，分别灌入松饼糊至2/3处成松饼生坯，放入预热烤箱内，用中温烘烤20分钟至色泽金黄即可。

核桃曲奇

原料

低筋面粉 400 克，核桃仁 75 克，高筋面粉 50 克，鸡蛋黄 8 个。

调料

白糖 150 克，黄油 300 克，植物油适量。

制作步骤

1. 鸡蛋黄和白糖放入搅拌器中，加入植物油搅匀，再放入黄油搅打至颜色发白，慢慢放入低筋面粉和高筋面粉，搅拌均匀成面糊。

2. 把调好的面糊装入裱花袋内，装上裱花嘴，挤出花型成曲奇生坯。

3. 把核桃仁按压在曲奇生坯表面，放入预热的烤箱内，用上火180℃、下火150℃烘烤15分钟至熟香，取出上桌即可。

葡萄干曲奇

原料

面粉 300 克, 黄油 200 克, 葡萄干 100 克, 鸡蛋黄 75 克, 泡打粉 3 克。

调料

白糖 100 克, 精盐少许, 白兰地酒 2 大匙。

制作步骤

1 葡萄干用白兰地酒浸泡2小时；黄油和白糖放入容器内，混合搅拌5分钟。

2 再加入鸡蛋黄混合均匀，然后加入面粉、精盐和泡打粉拌匀，放入浸泡好的葡萄干，搅拌均匀成饼干面团。

3 取方形模具，把面团平铺在模具里，放入冰箱内冷藏1小时，取出，切成正方形的曲奇生坯，摆在烤盘上，放入预热的烤箱内，用180℃的烘烤12分钟即成。

万紫千红

原料

番茄……………… 3 个
西芹………… 100 克

调料

蜂蜜………… 1 大匙

制作步骤

1 番茄去蒂，洗净，放在大碗内，加入沸水浸泡片刻，取出番茄，剥去外皮，切成小块；西芹去根，洗净，切成小段。

2 将切好的番茄块和西芹段放入榨汁机中榨取果蔬汁，加入蜂蜜搅拌均匀，再把榨好的果蔬汁倒入杯中，直接饮用即可。

⊙ 萍水相逢

原料

猕猴桃………… 2 个

苹果…………… 1 个

调料

冰糖…………25 克

制作步骤

1 猕猴桃剥去外皮，洗净，切成小块；把苹果洗净，去掉果核，切成小块。

2 把切好的苹果块和猕猴桃块放入榨汁机中，加入冰糖和适量凉开水榨取果汁，再把果汁倒入杯中，直接饮用即可。

🏵 千金一刻

原料

菠萝…………… 半个
木瓜…………… 1个

调料

蜂蜜………… 1大匙

制作步骤

1 菠萝削去外皮，切成小块，放入淡盐水中浸泡10分钟，捞出，沥水；木瓜从中间切开，去皮、去籽，也切成小块。

2 将菠萝块和木瓜块放入榨汁机中，加入蜂蜜，榨成果汁，再把榨好的果汁倒入杯中，直接饮用即可。

飞火流星

原料

西瓜……………… 300 克

雪梨……………… 1 个

调料

冰糖……………… 适量

制作步骤

1. 西瓜取出西瓜瓤，切成小块，除去西瓜籽；雪梨用清水洗净，沥净水分，削去外皮，去掉果核。

2. 将西瓜块、雪梨块放入榨汁机中，加入冰糖和少许凉开水榨取果汁，再把榨好的果汁倒入杯中，直接饮用即可。

附录
特色喜宴

● 八菜一汤一主食升学宴

凤尾白菜 / 52

凤凰菜卷 / 74

大展宏图翅 / 84

鸿运当头 / 92

青春永驻 / 122

年年高升 / 172

出类拔萃 / 167

年年有鱼 / 103

金榜题名 / 31

状元蒸饺 / 189

● 八菜一汤一主食乔迁宴

大雅之堂 / 73

福张肉冻 / 76

平心静气 / 54

黑椒龙王 / 91

风云牛仔骨 / 111

紫苏牛柳 / 151

双宝凤排 / 154

牛市飘红 / 148

满腹经纶 / 43

香葱油饼 / 180

● 十菜一汤一主食生日宴

富贵捞生 / 80

大吉大利 / 70

老少平安 / 98

四季平安 / 144

阖家团圆 / 116

四喜团圆 / 108

飞黄腾达 / 158

一帆风顺 / 173

幸福美满 / 177

富贵开屏鱼 / 168

牛气冲天 / 38

阖家团圆饭 / 185

● 十菜一汤一主食庆功宴

祥云牛肉 / 67

一品酥鱼 / 78

猛龙过江 / 90

松茸神仙鸡 / 112

长长久久 / 127

玉树金钱 / 131

大红帝王蟹 / 96

幸福团圆 / 138

凤凰迎春 / 157

吉庆满堂 / 145

白玉节节高 / 22

玫瑰喜饼 / 182

 喜宴

● 十菜一汤一主食答谢宴

欣欣向荣 / 65

深情拥抱 / 86

和气生财 / 146

樱桃山药 / 57

满地金钱 / 132

金丝澳带 / 102

喜气洋洋 / 152

富贵满堂 / 174

瑞气吉祥 / 100

锦绣蒸蛋 / 166

情深似海 / 30

皆大欢喜 / 186

● 十菜一汤一主食满月宴

三彩薯圆 / 60

顺风脆耳 / 66

蒜蓉开边虾 / 94

松鼠鳜鱼 / 104

芦笋福干 / 126

菠萝咕咾肉 / 136

翠绿有财 / 139

红红火火 / 160

如花似玉 / 170

锦绣前程 / 176

浓汁娃娃菜 / 18

冠顶鱼饺 / 188

● 十二菜一汤一主食谢师宴

五彩缤纷 / 53

雨后春笋 / 56

蒜香福肉 / 62

锦绣拉皮 / 77

乌龙戏珠 / 97

葵花宝肘 / 110

同甘共苦 / 118

绝代双花 / 124

花样年华 / 140

步步高升 / 150

春意盎然 / 162

一飞冲天 / 164

相思黄玉汤 / 20

天使 / 195

● 十二菜二汤二主食结婚宴

浪漫藕片 / 61

水晶之恋 / 64

喜气洋洋 / 68

捞汁菊花蜇 / 81

芝士龙虾仔 / 88

锦绣黄花鱼 / 106

如意笋肉 / 134

丹凤朝阳 / 156

相思蚌肉 / 121

才貌双全 / 171

古法玉树 / 128

避风塘藕盒 / 130

甜蜜双烩 / 25

喜结连理 / 44

祥和玉米饼 / 190

相思红豆饼 / 184

图书在版编目（CIP）数据

喜宴 / 李成国主编. -- 长春 : 吉林科学技术出版社，2019.12
ISBN 978-7-5578-5250-4

Ⅰ. ①喜… Ⅱ. ①李… Ⅲ. ①食谱 Ⅳ. ①TS972.12

中国版本图书馆CIP数据核字(2018)第299996号

喜宴
XIYAN

主　　编	李成国
副 主 编	杨海洋　陈立萍
出 版 人	李　梁
责任编辑	高千卉
封面设计	长春美印图文设计有限公司
制　　版	长春美印图文设计有限公司
幅面尺寸	172 mm×242 mm
字　　数	250千字
印　　张	13
印　　数	1—5 000册
版　　次	2019年12月第1版
印　　次	2019年12月第1次印刷
出　　版	吉林科学技术出版社
发　　行	吉林科学技术出版社
地　　址	长春市净月区福祉大路5788号龙腾大厦出版集团A座
邮　　编	130021

发行部电话/传真　0431-81629529　81629530　81629531
　　　　　　　　　　　　　81629532　81629533　81629534
储运部电话　0431-86059116
编辑部电话　0431-85610611

印　　刷	吉广控股有限公司
书　　号	ISBN 978-7-5578-5250-4
定　　价	59.80元